打開天窗 敢說亮話

U0023004

WEALTH

天窗出版

年報解密

揭露公司價值真相

小薯 著

目錄

第四章：會計騙案大踢爆

第五章：財務比率解透

第六章：估值工具大拆解

後記：從「財務自由」再出發 242

止凡

千萬點擊《取之有道》人氣 BLOGGER

有個BLOG叫《重思人生－思考投資人生的80後小薯》，你有沒有「走寶」？我就「走寶」了。可能小薯兄的名字太謙卑了，小薯仔，small potato，所以偶然到過一兩次，但沒有長期留意這個BLOG。

得知小薯要出書，還邀請小弟寫序，有點驚喜，感恩。我之前不太認識他，但大家也是BLOGGER，感覺他也是正氣之人，當然義不容辭。與他談談，原來他有點財經相關的專業背景，以前也參與過小弟的分享會，與上過鍾記的堂，積極吸收財務知識。

看看小薯BLOG的內容，主要財經相關文章，當中有不少「到肉」的估值文章。好似其中一篇《評莎莎管理層，是好還是壞？》，多角度分享他對莎莎與其管理層的看法，內容豐富，難怪出版社獨具慧眼找他出版著作。

說回這著作，書中的投資理念與我很類似，絕大部分都深感認同。當中特別令我印象深刻的是「會計騙案大踢爆」。作為價值投資者，始終靠檢視公司盤生意作投資決定，若由於一些會計

手段而令分析出了偏差，投資決定自然不理想。大家見近日瑞幸咖啡帳目造假事件，後果有多嚴重就知。因此，大家不妨金睛火眼看看小薯告訴大家的點子，避開這些投資風險。

寫這篇序言時，又有BLOGGER封筆。小弟寫BLOG多年，一路走來，見著一個個BLOGGER戰友離開。原因各有不同，有的工作生活關係、有的寫得意興闌珊。願意無私分享的買少見少。作為讀者，見到有值得欣賞的好BLOGGER，一定要大力支持。希望小薯可以長寫長有，那就是讀者之福。

祝一紙風行！

止凡

cpleung826.com

雲地

《窮小子雲地》人氣 BLOGGER

近年來，投資網誌可謂百花齊放，因為愈來愈多朋友加入寫網誌的行列。這些網誌的內容各式各樣，有些以記錄買賣交易為主，也有些是主力分析個股。正因投資網誌的內容豐富，而且不用花錢就能閱讀，所以每天都吸引很多對投資有興趣的人觀看。薯兄的網誌「重思人生」，就是其中之一。

雖然薯兄在網誌謙稱自己為一名「小薯」，但是他的網誌內容十分充實，涵蓋投資心得、知識和不同類型的股票分析，絕非「小薯」之作。他寫的每一篇文章，都是憑着他的金融專業背景，經過長時間研究及分析所得的心血結晶。每次讀完他寫的文章後，都能令我有所得着。

因此，當我從止凡兄那裡得知薯兄正準備推出個人著作時，我感到非常期待。我亦很榮幸可以得到薯兄的邀請，為其新書撰寫序文，因為我心知這一定是一本誠意之作。

果然不出我所料，薯兄的著作內容十分豐富。書中的內容涉獵甚廣，由價值投資的重要觀念、很多朋友都想知道的資產配置方法，以致大家經常忽略的年報分析，都一一提及。無論大家的投資經驗和知識水平如何，都可以從書中找到可以學習的地方。

以往曾有一些網友向我提及，指自己被洋洋數百頁的年報嚇怕。他們想透過閱讀年報來了解上市公司，但不知道應該從何入手，又怕自己理解錯誤，所以感到很徬徨。在薯兄的著作中，他以自己的專業知識，向讀者深入淺出地分享解讀財務報表的方法，甚至從中找出蛛絲馬跡，看穿上市公司粉飾年報的不老實行為。這不但有助我們學懂如何分析一家上市公司的價值，還可以避免自己誤入價值陷阱，所以非常值得大家細閱。

其中令我印象深刻的是，書中以推理小說來比喻年報內的內容，例如公司的董事和管理層就是「人物設定」；公司在年度內的業務活動就是「故事主線」、財務數據就是「線索」等。這令讀者可以輕易理解年報內的各項要素。薯兄更在書中舉出大量實例，和讀者一起拆解這些要素。他就像偵探一樣，帶領讀者沿着線索前進，最後「破案」。這個過程令本來枯燥乏味的年報閱讀，搖身一變成為饒有趣味的偵探遊戲。閱畢這本書後，我相信大家將會更易掌握閱讀年報的竅門。

如今全球資金日益泛濫，大家對投資的需求愈來愈高。然而，股票市場瞬息萬變，滿佈陷阱。如果我們稍一不慎，就可能賠上自己辛苦得來的積蓄。因此，我們必須裝備自己，及早學習良好的投資觀念及分析技巧。我相信大家在看完薯兄的著作後，一定會有所得著。

雲地

https://fungdythegreat.blogspot.com/

AC 儲蓄

《儲蓄為樂》人氣 BLOGGER

股神華倫・巴菲特說:「世上只有兩個投資法則,第一條是不要賠錢;第二條是不要忘記第一條。」

但要怎樣才能投資不賠錢呢?

除了要懂估值 —— 懂得計算企業的內在價值和擁有正確的投資心態外,我們還需要有判斷企業管理層是否誠實的能力,這也是價值投資的基本。

就如巴菲特的三大選股法則:「公司必須從營運所需的有形淨資本獲得良好回報」、「股價必須合理」、以及很多人所忽略的其中一則,就是「公司必須由有實力且誠實的管理人營運」。

而怎樣去判斷管理層?

這法則可從年報中**管理層的一言一行**看出來,至於怎樣由最基礎的看年度報告,再到進階的會計準則漏洞及粉飾帳目的手法等,作者小薯都會在書中一一和你分享,牽著你、伴著你導讀年報。

看年報第一樣要看甚麼？

對於書中我印象最深刻的，是薯兄一開始便教曉投資新手看年報時，第一樣最重要的是先看甚麼？而答案是核數師報告。

這也提醒了老手們，尤其是想發掘新的投資項目時，檢視資料的正確性，也是非常重要的一環。因為對於未來的你，要靠自己研究新的企業股票時，即使你估值能力很強，估算能力有多準確也好，如果基礎不好，或是忽略了一些基本檢視，也有機會犯上一些價值投資老手常犯的錯誤，從而墮入價值投資陷阱。

因此書中教導的方向，也是薯兄常說的「寧願模糊的準確，也不願精準的錯誤」一樣，不要往錯誤的投資標的裡投或研究，如方向錯了，這不但會浪費了自己的寶貴時間，還要賠上金錢損失，大大增加達到財務自由的成本。

與薯兄的認識

小弟對薯兄的認識，是從千萬瀏覽量博客止凡兄的文章中及留言裡看到薯兄的獨特見解，從而吸引小弟按下薯兄的博客去看其文章。才發現薯兄與小弟都是80後的Blogger，而且是比小弟更早開始寫Blog分享的，是個財商不凡，但為人卻低調得很的一位Blog友。

與薯兄更深入的交流則是從群組裏開始的，在初時他更不是以筆名「80後小薯」命名，而是只用了自己的英文簡稱在群組裡交流的。但後來因為掩蓋不住他身上散發出的那股氣場，在「鍾記價值投資學會」被鍾Sir賞識，與學會裡的班長－威廉人一同被

邀請到 Telegram 的第二個群組「鍾記價值投資學會 2.0」去幫助學員學習、分享知識並互相交流,而之後更被同學認出,問是否是薯兄。

而後來有趣的是,不知是否小弟的大膽建議還是薯兄自覺可省卻別人問道是否薯兄的時間,而最終被迫於無奈用筆名展示於群眾。

有看過薯兄的文章,都會知道估值是薯兄的強項。薯兄的 Blog 中有大量的估值計算以及分析文章,除了展露了很強的證券分析能力,還能看出他對相關的會計專業知識有很深入的了解和研究。薯兄對於估值工具的應用也十分清晰,因為他非常了解估值工具應用上的背後理念。如:

· PB 的不確定性較低,因為股價和每股資產淨值是完全公開並不需要作估算的資料。

· PE 則是多了一層需要作盈利預測的估算。

· PEG 就再深一層需要去估計盈利的預測升幅作估算。

在上述群組 2.0 的其中一次交流裡,小弟分享了估值工具 PE 與 EV／EBITDA 的分別和背後所包括的財務數字時,薯兄除了認同相對於 EV／EBITDA,PE 受資本結構大小相差愈大而影響愈大,使致其可比較性也大大減低外,薯兄更提醒了,EBITDA 的實際定義,會看不同的分析員而有所不同,比較性也可能更低,因此需要驗證資料來源。

以及在其後私聊時，薯兄對US GAAP（美國財務會計原則）、與IFRS（國際會計準則），以及香港市場的HKFRS之間的區別，以致討論到當中細分如現金流的分類有所不同，以及他自己作估算分析時會作出些調整，而重點還是回到資料的可比較性上。

致讀者們

以上，能看出薯兄重質不重量的學習心態，在分析企業時，對檢視資料來源的謹慎程度，以及理解財務數字背後真正意義的清晰程度來看，作者是位財務知識非常高的人，能有這位高財商的價值投資分享者，分享如何看年報，不但造福了一眾對價值投資有濃厚熱情的學習者，讓大家省下不少的學習時間，也讓一眾不懂如何閱讀年報但對價值投資有興趣的新手，有一個很有序且很全面的學習如何去看年報的機會。

而對我這般使用了價值投資一段時間有不錯回報的，就以為自己懂價投的人，也不得不謙卑地閱覽此書，以審視自己有否像薯兄在著作般，全面檢視自己所投資的企業年報裡，每一個需要去確認的項目。

最後，感恩並榮幸能被薯兄邀請寫序，分享推薦給有緣的讀者們一同學習，讓更多的人懂得這價投之路，以讓更多人能成為自助的人，幫助自己脫離不懂看年報和價投的迷思。

謹祝薯兄此書一紙風行。

AC儲蓄

http://ac00100.blogspot.com

Perseus Lam 林正宏

SCMP / IFPHK「2009 年香港傑出財務策劃師大獎」全港總冠軍
CFP^CM 認可財務策劃師
香港財務策劃師學會董事

從事財務策劃的工作多年，經常和客戶討論投資理財的事。其中一位客戶兼好朋友令我印象特別深刻，他的數口很精，投資有道，是一個精明能幹的有為青年。雖然他是我的客戶，但偶爾我也會請教他關於財務報表的事，每每令我有所啟發。另一方面，這一兩年在網上也留意到80後小薯的文章，喜歡他以輕鬆簡單的文筆帶出重要的投資道理。沒想到原來小薯就是自己認識多年的好朋友，驚喜之餘更佩服他能於百忙之中抽時間分享寶貴的投資理財心得給廣大的讀者。好朋友邀請我為他的新書寫序，這是我的榮幸，我當然樂意答應。

投資的日子愈長，愈發覺投資絕不簡單。每一個投資者都希望自己投資有道，賺取理想的回報。當成千上萬的人都在市場追逐回報的時候，我們如何提升自己的能力，避免成為大鱷的點心呢？我經常將投資比喻為功夫。不同的門派也有高手，但最後稱霸武林的都是根基深厚的人。在投資世界又何嘗不是呢？不論技術分析、捕捉趨勢或價值投資都有人成功，關鍵是弄清楚那一種方法適合自己，然後努力學習並實踐。

經過多年的投資經驗後，我認為價值投資才是真正長久獲利的方法。價值投資的精髓就是尋找優秀的企業，並以低於價值的價錢買入並長期持有，直至企業的質素變差才考慮沽出。其實這個道理不難明白但卻知易行難，究其原因是這需要付出相當多的時間，單單是了解一間企業是否優質就不容易。如果我們手上有一本理論和實踐兼備的工具書，便能事半功倍，如果是由一位經驗豐富、熟悉上市規則的專業會計師寫的話，絕對是一本不可多得的武林秘笈。

我特別喜歡小薯以看推理小說的角度看年報，除了冷冰冰的數字外，亦能讓我們從主席報告和管理層分析等角度去了解公司和管理層的質素。而第四章的「會計騙案大踢爆」更能讓不熟悉會計的讀者了解一些做數手法，避免墮入投資陷阱。我衷心希望各位都能從書中獲得一些有用的投資錦囊，讓自己的投資成績更上一層樓。

最後祝小薯的新書大受歡迎，洛陽紙貴！

Perseus Lam

小薯當初寫BLOG，只為記錄自己的投資理念和心路歷程，好讓在過程中不斷反省。當然，有讀者與小薯於BLOG上交流，起碼意味小薯的投資記錄對某些朋友也有價值，有時能在BLOG中遇到高手，讓小薯學到新知識，遇上新衝擊，那就更興奮了。

不知不覺，小薯的BLOG累計閱讀人數已超過10萬（當然對比起止凡兄、鍾SIR、雲地兄等知名BLOGGER的BLOG，只是小巫見大巫），由於沒考慮過出書，所以當收到出版社編輯的邀約出書，實在驚喜。「喜」的是在編輯眼中小薯的文章竟然有市場價值，「驚」的是要著實考慮自己這本書能為讀者帶來甚麼東西？因為小薯的BLOG文是免費的，而本書讀者則付出真金白銀買書，他們會有期望，而小薯也想不負所望。

回想起小薯會考（現在會考也成為化石了！）的那些年，小薯選擇了理科加商科（會計及經濟）。在當時的會計科老師的「誘導」下，小薯漸漸喜歡上會計科，加上當時參與了一些商業計劃比賽，以及小薯的家人也從商，就對商業產生興趣。及後，小薯

就決意以會計或財務相關的方向發展，也在大學通過學會活動及年宵的體驗，明白到會計是一盤生意的語言，也了解到要致富就只有做生意（即是資本家）才行。

不過，經歷過上述的「營商經驗」，深明創業要成功是很難的，那就想到買下別人的公司（即是股票）。可是，入世未深的大學生，又怎會懂得如何選股投資呢！身邊最近的「榜樣」，就是小薯的父親。他是典型的散戶，但小薯那時儲下的金錢給了他操盤（可說是小薯的第一位投資顧問），數年下來不止沒有賺錢，還虧了。這時，小薯也進入了會計專業參與編制年報的工作，更深明年報內的數字是存有大量灰色地帶！兩件事加起來，小薯就明白到散戶的無知就是大鱷的誘餌。就是這個觸發點，小薯就開始研究不同的投資方法，最後發現了價值投資的威力。再回想起小薯當初認為要致富的方法是「買下別人的公司」，價值投資正正是真正「買下別人的公司」，就確立了小薯現時的投資理念。

與此同時，隨著經驗增長，參與編制年報和財務規劃的工作愈深入，就愈了解到年報前期分析時的重要性，也知道年報的「高塑造性」，再加上小薯專業要求的懷疑態度，亦造成了小薯「凡事先想失敗，再想成功」的投資風格。

說回出書這件事，編輯認為讀者會較喜歡小薯的業績分析和估值，不過既然出書是新嘗試，那小薯就想寫些在 BLOG 完全沒寫過的主題，那樣 BLOG 友跟讀者都會有新鮮感！

要對上市公司做業績分析和估值前，我們先要有正確的投資理念，所以就成了本書的第一章，主力闡釋了小薯一直信奉的價值投資。在2020年初寫這本的途中，出現了如2008年金融海嘯式的股災，小薯在BLOG連續寫了數篇關於大跌市下的對應心法，引來不了回響。小薯一直有一個信念，投資想「贏」前先要想「輸」，所以也趁著這個大時代還歷歷在目時，把相關文章理順為第二章。

明白「價格」、「價值」分別之後，我們當然也要學懂閱讀業績、年報，才曉得如何分析公司質素、為公司合理價估值。說到閱讀年報，可能因為財經網站常把那3張財務報表簡化讓大家易於理解，很多投資者就認為讀懂3張財務報表就已完成任務。小薯編制年報這麼多年，可以說年報豈止那3張財務報表，當中還有更多的資訊，令你可從中了解公司的一舉一動和管理層的想法。看年報其實就像看推理小說，需要運用推理的技巧，把各項內容互相檢視，跟公司過往年報，甚至跟同行年報做對比。因此，這本書的第三章就構思出來了（也想讀者及社會大眾更重視我們這一專業的心血）。

小薯說年報就像推理小說，要前後各項互相檢視，為的是有些十分不道德的公司，有機會以會計手段來掩藏不為人知的真相或者美化帳目，所以這本書第四章的主旨，就是揭露這些公司以會計「化妝」，以至「整容」的手段。

要檢視財務報表，分析一間公司是否成功，總要靠一些工具輔助。財務比率是最基礎的用具，坊間有不少討論財務比率的書籍，小薯逐一解釋好像意義不大，就想出通過巴菲特所鍾愛的一個財務比率—股本回報率（ROE）作起點，利用知名的杜邦分析法，在財務比率的層面找出公司成功的引擎，以及解透不同報表之間的關係。這就成了本書第五章的核心。

最後回到大家最希望小薯討論的課題—公司估值，這部分想跟大家拆解一下不同的估值工具。工欲善其事，必先利其器，如果連工具也不明白如何運用，如何做到準確的估值呢？這亦是本書的最後一章。

小薯一直相信，授人以魚不如授人以漁。任何事情發生一定有其理由，這是小薯由畢業出來之後，有機會教導後輩時不斷帶出的訊息。只有知道事情的背後原因，才能知道如何把這事做好。理解知識，而非東施效顰。希望這本書可讓讀者能夠理解年報的內容和估值工具的背後意義，從而自行去分析年報，計算自己心儀的上市公司估值。

最後小薯想多謝止凡兄、雲地兄、AC儲蓄兄三位BLOG界猛人，和小薯的良師益友Perseus Lam抽時間為小薯這位素人寫序，沾一下這班前輩的光環。同時，也想多謝天窗出版社邀請小薯出書，和這本書的出版經理Sherry，這來書能夠面世實多得Sherry及天窗的編輯同事的協助！

第一章

學價值投資
價格 ≠ 價值

市場上有很多投資方法，有技術分析、有趨勢投資，當然也有小薯一直信奉的價值投資。

為甚麼小薯會選擇價值投資？我們投資不是為了一刻興奮，而是為了以錢賺錢，最終達到財務自由。既然賺錢是目的，那為甚麼不找一個投資得最成功、通過投資賺得最多錢的人來學習？

看看過去10年的《福布斯》富豪排行榜，榜上有名的人出出入入，不過大部分富豪都做實業為主，近年多了一些新經濟行業的代表，例如亞馬遜和Facebook的創辦人，而靠投資入榜的就只有巴菲特一個。巴菲特就是價值投資的代表人物，這就是小薯選擇價值投資的原因。

可是在現今社會，速食文化當道，每個人都希望賺快錢，價值投資的長線投資策略明顯違反他們的意願。同時，香港的教育制度只重背誦知識，即使近年推行STEM教育，也是主打科學和科技的理科，在財務知識的教育完全是零！

正是以上兩大原因，才出現一班短線炒賣的散戶，明明想通過投資賺錢，但跌跌撞撞數十年也達不到真正的財務自由。因此，小薯奉勸一句：不管投資者運用甚麼投資工具，股票也好、債券也好、房地產也好，在投資之前，必須先投資自己的財務智商。相信以考試為本的香港人，都會明白甚麼也不讀就去考試，一定會「肥佬」。

小薯一直深信這個世界一定不會虧錢的投資，就是投資自己腦袋。先求知後投資，擁有愈高的財務智商，在財務自由的路上，便愈事半功倍。

1.1 付出「價格」收回「價值」

如果讀者有看小薯的博客,大致會了解到小薯所信奉的投資理念是價值投資。價值投資的核心理念是找尋優質的投資目標,在股票價格低於合理價值時買入,並靜待股票價格高於合理價值時賣出,但更多的時間,優質股票的合理價值會持續上升,所以價值投資信徒,很多時會長期持有優質股。

這有兩個重點,一是優質的投資目標,二是在股價低於價值時買入。如果讀者願意學習相關的會計知識,要找優質的上市公司其實不難,但如果讀者起步是一點會計基礎也沒有,小薯建議可先由投資盈富基金(2800)入手,買入該交易所買賣基金(Exchange-traded fund,簡稱ETF),等同投資恒指成份股內所有公司。而如果讀者有一點會計知識,懂得評估公司的優劣,但不知從何入手,小薯建議可從恒指成份股入手,因為公司能入選恒指成份股,基本已符合了一些嚴格要求,這些大藍籌一般質素已有所保證,例如領展(0823)、騰訊(0700)、銀娛(0027)是高質素的公司,所以選取恒指成份股基本上錯不了太多。

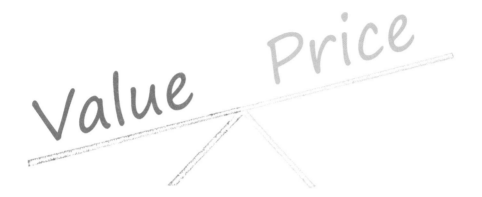

既然找尋優質股不難，那決勝點就是甚麼時候買入才是便宜，這就需要敏銳的分析和決斷力。在股價低殘時，洞悉優質股價值沒變的分析力，和無懼群眾恐懼而勇於買入的決斷力。這些微的分別，令不同投資者即使投資同一間公司，卻得出不同的回報。有些投資者經客觀分析後，認定某些優質公司，就不問價地買入，以致買貴貨，回報的差距就出來了！

標的 × 價格 4 種投資情境

所以,一個好的投資決定包含兩大要素,首先是好的投資標的,其次是好的價格。

·差的投資標的 × 差的價格,肯定是錯誤的投資決定。

·差的投資標的 × 好的價格,可能有值得投資的價值。

　例如一家營運很差的公司,卻有淨現金(即還清所有負債後,還有現金餘下),如每股 $5 的淨現金,但因市場看淡其前景,只賣每股 $1。這個情況下,用每股 $1 買入這間公司的股票,就能買下公司每股 $5 的淨現金。不用想,這個投資決定也不錯!這類公司,就是巴菲特所說的「煙屁股公司」。

·好的投資標的 × 差的價格,也稱不上是好的投資決定,只能算是「買到好貨」。

　例如領展每股資產值是 $80,你在 $100 買入,就是買貴貨。領展這類好公司,雖然長遠會升值,但你可能要等上數年,領展每股資產值才能升到 $100,即你的買入價。你等待的那些年,金錢就被套住,損失找尋其他更好的投資標的之機會。

·**好的投資標的 × 好的價錢,才稱得上是「買得好」的投資決定。**

承上例子，如果投資者在$60買入領展，買入時已經賺了$20的資產值差額，贏在起跑線。以$100買入，跟以$60買入的投資者，雖然兩者長遠也可能會贏，回報率卻相差得遠。

為甚麼有這樣的分別？主因是他們分不清楚「價格」跟「價值」。

短期價格 vs 長期價值

價格是一個供求關係下的產物，很受群眾心理變化和短期突發事件影響。價格會每分每秒受不同投資者的預期而不斷跳動，在短期內，價格能夠超越股票基本因素，但長期在供求平衡下，終會回歸公司質素的基本面。舉個例子，2011年3月日本福島第一核電站事故期間，中國內地、香港和澳門多處地方傳出流言，稱食鹽含有的碘能防輻射。這說法引發民眾「盲搶鹽」，平日只值每斤$1元的食鹽，被炒高至$6至$10元一斤，漲幅高達10倍，雞粉、豉油等與鹹有關的食品同樣被搶購。*這一例子明顯就是因為突發的福島核電站事故，引發大眾突然增加對食鹽的需求，因而導致食鹽價格大幅上升。可是，事件一過，食鹽價格又回歸正常，之後大約依循整體物價變動。

---

*中港爆發「急性盲搶鹽」（2011年3月18日）。東方日報。

股票價值 要靠估算

回到股票本身：要知道一隻股票的「價格」很容易，只需瀏覽財經網站或打開報價機，輸入股票號碼就能即時知道。可是，要知道股票「價值」，則要靠分析及估值，因為價值才是上市公司真正從基本面能給予你的東西，該公司的營運會帶來實質內在價值的增長，並通過派息回饋股東，同時顯示於長線上升的資本增長。

簡單來說，股票價值取決於公司本身的資產值、其賺錢能力，及分派給股東的股息，三者加起來就是股東得到的公司價值。這價值不會因群眾心理變化和短期突發事件而有很大的變化。

要找到價值，不太複雜也不困難，只需基礎的會計知識，以及運用一些估值工具就行。當然，這本書及小薯BLOG文，也有不少相關知識。

正如以上所述，價格因群眾心理和短期突發事件，會出現大幅波動的情況，而這種價格波動，正正提供了我們獲利或虧損的機會。低於價值時買入並高於價值時賣出，就能獲利，相反則虧損。

故此，為了得到利潤而非虧損，我們必須好好了解和堅持價值投資的理念，並謹記提防群眾心理和短期突發事件對我們的影響。做好這兩件事，我們才能「買得好」。只是，說易行難，我們只可依靠足夠的經驗和良好的心理質素，才能達到此修為，而中間必會經歷失敗，不過堅持信念，就會得到回報。

1.2

保本
是硬道理

2019年，對香港來說是動盪非常的一年；踏入2020年，新冠肺炎疫情更令香港經濟雪上加霜！股市大幅波動之際，保本是硬道理，而小薯仍堅信，適時買入並長期持有優質股，讓其慢慢發揮複息效應的威力，才是投資王道。

買賣頻繁 本金也輸掉

回想2019年初，恒指約25,000點，短短4個月便升至30,100點，一反2018年的弱勢。這時候，有位投資股票的朋友，不斷跟小薯說自己買了甚麼細價股，賺了一倍有多，投資組合也全面見綠，笑不攏嘴，還說要請小薯吃飯。他似乎完全忘了2018年由年初33,000點跌到年底25,800點時，蝕了多少。

恒指在2019年4月見過高位後，輾轉下跌，短短4個月，8月就跌到25,300點。9月小薯工作忙完，再碰回這位朋友，這時恒指在26,000至27,000點上落。這位朋友，今次黑曬口面，小薯還打趣說他仍欠小薯一頓飯，他回應說自己買的股票全面見紅，之前賺的全輸掉，還再蝕多幾萬元，哪有心情吃飯。

小薯不明所以，因為年初25,000點，到9月的27,000點，雖沒有30,100點那麼高，但看點數，單買盈富基金也應有進帳吧！理應不會虧本，細問之下，原來到3月時見股市不斷升，他就不斷加注，還要借「孖展」（即向經紀行繳付「保證金」後，向他們以預設的孖展成數借入款項以槓桿購買股票），其後股市大跌，被經紀行斬倉（即持倉股票市值低於預設的孖展成數，又不能提供額外的現金補倉，被強迫出售股票），連本金也輸掉。

到了2020年，歷史又重演，甚至每個月都在「見證歷史」，新冠肺炎爆發、全球封關封城、美股史詩級熔斷、中國GDP有紀錄以來錄得負增長、再到隔夜原油市場出現了極為歷史性的一幕：WTI 5月合約接連跌穿從$10美元到$1美元，再距收盤不到半小時前跌為負值，日內跌幅超過100%，臨收盤更一度跌至－$43美元／桶，最終收報－$37.63美元／桶。

其實當油價大跌時，也聽到不少小投資者也紛紛買入F三星原油期（3175）及FGX原油（3097），有買美股的則會買入美國原油基金（USO）。有網上論壇的網民說他用幾千元買入了10張期油合約，最後輸了$20幾萬港元，有個更屬害，以約$380萬元人民幣買入20,000手，最後輸了約$920萬元人民幣。兩位朋友也是被強制平倉。不單單是小投資者，銀行和券商也是「受害者」：（1）中國銀行（3988）「原油寶」爆煲，據估計該行及其客戶虧損超過300億元人民幣；和（2）美國互聯網券商盈透證券（Interactive Brokers，IB）指，受累於負油價，令少數持有紐約期油及歐洲ICE期貨長倉的客戶蒙受重大虧損，其損失超過其帳戶淨資產值，IB代表客戶遵守孖展結算要求，並確認$8,800萬美元（約6.86億港元）的撥備虧損。

其實，買入3175、3097和USO的投資者，是否知道自己買的其實只是一紙合約，而不是原油，只是一種「預測未來油價」的衍生工具？還是希望以小博大，在進行一場賭博？

做足功課 減少無知風險

歷史總是不斷重演，也總是有人不懂從歷史中學習。我們要保本，就是希望減低資本永久性損失的風險。其實這個風險源自對不確定性的無知。不確定性已是一種風險，如果我們明白該不確定性，通過安全邊際，就能減低不確定性的風險。可是，若然連不確定性也不知道，那兩者疊加起來，資本永久性損失的出現機率就會大增，即是輸錢的機會較大。

其實，小薯以前也經歷過這種升跌市，也曾衝動不斷買入賣出。最後，發現股價有波幅很正常，但企業價值卻不會經常轉變（可參照前文），結果不斷交易的人，反而沒長期持有的那麼賺錢，目前世界上能以投資成為巨富，打入《福布斯》全球億萬富豪榜頭十名的，就只有信奉價值投資的巴菲特（2019年的排行榜，巴菲特名列第三）。

巴菲特有一句名言：「投資的第一條原則：永遠不要虧錢。第二條原則：永遠不要忘記第一條原則」。

要減低輸錢的風險，我們既然不能減少不確性，就只能減少無知的風險。在買入公司前做好調研，減少對公司業務上的無知，了解公司的價值所在，起碼減少了輸錢的風險！現在小薯對大市的波動已經沒有多大感覺，只是堅守一項重要的原則，就是不要把本金也輸掉，「保本是硬道理」！

保本＋長期持股 長遠跑贏

保本，加上長期持股的優勢，就是成就「投資成功」的基本法門。小薯可用以下例子解釋：

投資者A

（本金$10,000，年頭買入，年底賣出）

第一年賺20%，所得 $10,000×120% = $12,000

第二年蝕20%，所得 $12,000×80% = $9,600

第三年賺30%，所得 $9,600×130% = **$12,480**

3年回報就是($12,480–$10,000)/$10,000 = 24.8%

投資者B

（本金$10,000，為保本而選擇較保守的回報並長期持有）

第一年賺10%，所得 $10,000×110% = $11,000

第二年賺10%，所得 $11,000×110% = $12,100

第三年賺10%，所得 $12,100×110% = **$13,310**

3年回報就是($13,310–$10,000)/$10,000 = 33.1%

投資者A在第2年虧了20%，本金虧損，即使第3年賺了30%，回報也追不回來。以上簡單例子就顯示出，只要保了本，不需要每年大賺，也能長期跑贏。這就是「保本是硬道理」的威力。

明白以上例子，就明白為甚麼小薯對大市的波動沒有多大的感覺。因為只要能保本，小薯不需要戲劇性的大贏，不需要找尋倍升股，只需每年都有些微的正回報，就能贏了！

同時，小薯只買優質企業，不怕短暫的股價波幅，因為小薯堅信只要公司是優質的，公司的價值會不斷上升，短期的股價波動，反而更能測試小薯的投資組合是否有足夠的風險管理，甚至讓小薯找出大市中的「煙屁股」呢！

3M 投資法
價值投資的基礎

3M投資法，是股神巴菲特經常提及的投資理念，也是小薯在選股及入貨時必定會考慮的法則。如果讀者們正嘗試建立自己的事業，也可以參考這個法則。對價值投資有所認識的朋友，不會對3M感到陌生，因為3M是價值投資的基礎中的基礎！如果各位也奉行價值投資，股神的3M投資法，絕對要研讀。

Management 企業管治

· 選股時一定要假設自己是公司的老闆，必須詳細掌握公司的情況、特別是管理層的質素。因為沒有老闆會大小事都包辦，總會下放權力，那就要看管理層的質素了！

· 每個人專長不同，既然要假設自己在經營生意，當然是不熟不做，所以選擇自己熟悉行業的公司最好！這就是所謂「能力圈」選股。

· 年報是公司的成績表，當然要詳細閱讀，其中必須留意兩項東西：

（1）股東回報率（ROE）：數字愈高愈好，代表管理層愈能利用股東資金賺取更高的回報，是一間公司的綜合成績，就好比大學生每年的平均GPA。

（2）即使回報率高，也要留意公司的負債及現金流情況：負債愈少、手頭現金愈多，當然愈安全！

‧留意年報的「管理層討論」，以及管理層的言論，從而了解管理層的質素。如果看見其質素欠佳，加上公司帳目混亂，有很多供股合股等公司行動，就一定要慎而行之了！

建立自己的事業，要成功，也最好在自己的專業內建立事業，開始時要想清楚合適的管理架構、自己在這個事業上的定位（是作為監察的董事，抑或是親自落手的管理層），找尋對的夥伴（管理層），這樣成功機會才會大增！

Moat 護城河

‧有「護城河」的企業，代表公司的業務防禦力很強，競爭優勢不易被取代，能夠保持長遠的盈利能力，讓其他對手難以和它競爭。

· 「經濟護城河」不只是單純財務比率指標，更重要的就是「業務本質」，包含理解企業的運作，找到該產業的關鍵指標。

· 辨識「經濟護城河」有5大原則：包括（1）無形資產（如品牌、專利、特許權）、（2）轉換成本、（3）網絡效應、（4）成本優勢（如生產程式、地點、獨特資產）和（5）規模優勢（如規模經濟、壟斷），擁有以上其中一些特質，相對會有較寬闊的「護城河」，維持長時間的競爭優勢，賺取較高回報。

· 「護城河」優勢不是一成不變，隨時間會有所變化（就好像 Nokia、IBM等），所以要定期留意公司的發展和變化，確定「業務本質」沒有太大變化。

> 自己的事業也一樣，你要知道自己的競爭優勢，定位在哪裡，會否有一些人有你無的東西！例如開粵菜餐廳，你的菜單和服務水準可能就是你的競爭優勢。單靠價格競爭，長遠不可能成功，只有競爭優勢才能突出你自己，收取高額回報！

Margin of Safety 安全邊際

· 安全邊際涉及兩個概念：（1）內在價值、（2）價格。

· 當買入公司股票時，內在價值是我們得到的，而價格是我們付出的。

· 用好（便宜）的價格，買入好（內在價值高）的公司，那就是
賺錢之道。

· 當我們在價格大幅低於其內在價值時買入，便享有安全邊際
（Margin of Safety）。

· 能做到這點，是因為「市場先生」很喜歡在市場充滿好消息時
給出很高的價格，壞消息滿天飛時則只願給予很低的價格，即
使是內在價值沒有變的同一間公司。

· 例如：公司的內在價值為$100元，買入時價格僅$90元，投
資者便有$10元安全邊際，因為要股價跌$10元才虧損，投資

風險就較低;相反,如果買入時價格要$110元,投資者一開始便虧損$10元,當然,好的公司的內在價值長遠會上升,所以即使現時買貴,守一下待價值上升至$110元時,就能打和了!

‧ 在低迷市況時戰勝市場恐懼,要耐心等待公司在大跌市時,股價有足夠的安全邊際時才分段買入或增持,這樣就能低風險,高回報!

‧ 謹記,在大跌市時,即使是好公司也有可能「低處未算低」,這時就考驗投資者的信心和膽量,能否在這個時間strong buy、strong hold!如果投資標的是一間好的公司,長遠價值不應該只跌不升。當然,下跌可能是因為基本面出現變化,而導致公司價值永久損失,這時就必須勇敢止蝕。所以,要定期留意公司的發展和變化,確定「業務本質」沒有太大變化。

> 將安全邊際套用到自己的事業中,小薯會理解為「凡事不要太盡」,要計清楚資金需求,預留應急錢;發展時也不要去得太盡,小心過份擴張,導致公司流動性不足而倒閉!創業難、守業更難,就是要保護自己的「護城河」時,又要考驗老闆發展時機的眼光,取其平衡,就是最難的地方!

其實,企業質素最為重要,用合理價買入優質企業,好過在便宜價買入質素一般的企業。公司的價值取決於公司的盈利情況、經營效率、管理層的質素、行業前景、公司的市場地位等多項因素。

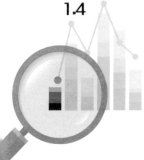

1.4 防禦型投資者的資產配置法則

小薯曾經在2019年4月11日寫過一篇關於資產配置的文章，引來不少迴響。價值投資的聖經、巴菲特的師傅格雷厄姆（Benjamin Graham）老師所著的《聰明的投資者》（The Intelligent Investor）一書也有討論資產配置。2019年4月時，恒指正挑戰30,000點，當時，作為防禦型投資者的資產配置就顯得更為重要！

兩桶金分散投資

根據格雷厄姆老師所定義，防禦型投資者是指沒辦法花大量時間和精力在投資上的人，而小薯相信大部分的小投資者也應該如是，也應最好認定自己是防禦型投資者。格雷厄姆老師建議，防禦型投資者在資產配置上，應當把資金分為兩部分：

（1）現金等價物（即變現能力極高但可產出收入的資產，如銀行存款）或高等級的債券（即至少是投資級別的債券，不一定為直債，可以是債券基金、債券ETF、萬用壽險等，較穩健但回報較無風險利率高的資產，基本上與現金無疑）；

（2）高等級的優質股，即具領導地位、有寬闊護城河的企業。

作為基本原則，投資於股票的比例最少為其資金總額的25%，但不多於75%；相應，其債券投資的比例也應是25%至75%之間。投資者可以根據整體市況和估值，調整股票佔投資組合的比重，同時也意味著兩種投資物的正常持有比例是50%。

當股市下跌，投資者認為股價低於估值顯得吸引，甚至出現大減價時，便可以逐步增持股票，但最高只能佔其資金總額的75%。

當投資者認為，市場價格相對於估值已上升至嚴重高估的時候，便應逐步減持股票至最低25%。

大家可能會問：為甚麼不100%買入或100%賣出？當然這個情況賺得最多，但是有多少投資者能夠真的準確預測到市況？如果100%賣出優質股後，但股市繼續上升而買不回優質股，則只能持有現金，並失去機會成本，又或投資者自己作的估值出現誤差，而做錯買入賣出決定。雖然25%至75%不能賺到最盡，但卻能減低以上兩個狀況的風險。在兩害取其輕的情況下，我們最好持有一定的核心股票，在享受股票長遠的資本增值和股息回報的優勢之餘，亦不會承受過大的風險和壓力，不用每天害怕股市的波幅而做錯決定。

100法則　決定高風險產品佔比

同時，每一個年齡層也在風險資產的分配有所不同，年紀愈大，風險資產就理應愈少。比較流行的是「100法則」，即是以100減去投資者的年齡，所得的數字可用作投資高風險投資產品的佔比（即是兼具潛力高但沒有現金流的高增長投資產品）。餘下的部分，則可作較穩健的低風險投資產品（即是兼具低風險及穩定現金流的穩健投資產品）。

小薯主要是參照恒生指數預測市盈率作資產配置，恒生指數歷史平均預測市盈率約13倍，較小四分位數（Q1）11倍，較大四分位數（Q3）14倍倉，而小薯的資產配置大致是：

圖1—1 按恒指預測市盈率計算的資產配置

恒指預測市盈率	9.5倍	13倍	16倍
股票比例（穩健型股票佔比）	75%（10%）	50%（15%）	25%（20%）
現金等價物比例	25%	50%	75%

以上述的情況，作為80後的小薯在風險型投資產品跟穩健型投資產品比例大約如下：

圖1—2 不同風險產品的配置

恒指預測市盈率	9.5倍	13倍	16倍
股票比例（穩健型股票佔比）	70%	45%	20%
現金等價物比例	30%	55%	80%

有此一比例是因為當市況愈熾熱，市場的風險胃納會愈高，大潛力的投資產品通常會被嚴重高估，穩健型股票也會相當程度的被高估；在市況悲觀時則相反。

所以，在市場悲觀時，小薯會吸納較多大潛力的股票，並在市場開始熾熱時，減持換馬至穩健型股票，並在最熾熱時換至現金等，只保留最核心的持股，待跌市時再出擊。

過往恒指平均預測市盈率最高22倍，最低8倍，較小四分位數11倍，較大四分位數14倍，所以以上配置意味著大部分時間都是以50%股票作配置，而如果真的有一天到達8倍的大折讓，小薯也會考慮增加至100%甚至超過100%（前提是仍有穩定現金流），相反到22倍的時候，也會減至10%甚至0%。

1.5 價值投資者 應否買新股？

小薯參與的投資群組，有位組員提出了一個很有意思的問題：「價值投資法是否不建議投資新股？」詢問這個問題的時間，正值是百威亞太（1876）上市的熱潮、阿里巴巴（9988）將在香港第二上市，所以大家對新股市場又引起一些興趣，所以就詢問作為信奉價值投資的投資者是否對新股嗤之以鼻。

公司要上市 先搞靚盤數

對於這個問題，只要回想價值投資的初心是甚麼，大家就有一個答案！簡單而言，價值投資就是通過深入研究一些公司，了解公司的過往業績，作出對這公司未來經營的預期，找出優質股份，在低於它的內在價值的股價時買入，享受價值回歸以及公司價值提升的資本收益及股息。

價值投資的第一點，就是要了解公司的過去再展望將來。現時在香港主板上市的公司，須於招股書內包含最少3年的公司財務報表。通常一間公司搞IPO，都會先將過往的數據弄得漂漂亮亮才上市，除了要符合聯交所的上市要求，也可提高估值，同時增加吸引力。如果你作為公司的老闆，要為自己的股票上市作價，而你也知道投資者會看過往業績，去預測未來公司的經營環境，你會如何處理？當然會把財務數據，弄得有多漂亮得多漂亮，意味著這些財務數據可能會被修飾過。一般投資者對會計準則沒太多認識，不知道會計準則其實有一定的灰色地帶，不是非黑即白。公司就很容易利用這些灰色地帶，好聽的是公司就某些會計準則及業務作出自己的合理詮釋，難聽的是操控財務報表。

同時，要搞IPO的公司沒有長期往績可言，單靠招股書的業績，往往較難去了解一間公司的實際價值。小薯研究公司，起碼要看過去5年或以上的財務報表，因為這樣才能反映公司是否

有穩陣且長期的競爭優勢。如果只得3年的財務狀況，公司可能未經歷過高低潮，其實很難去評估這間公司的競爭優勢。

如果是投資新手，抽新股更未必是好的投資方式，除了沒有太多往績可以分析，而且因上市規則要求，招股書須作多項披露，卻往往因而披露太多資訊，新手未必懂得分析。

只買上市逾兩年公司

第二個要點就是買入低估的股票。小薯始終認為，一間公司搞IPO，賣股權出來，真的會平賣給小股民賺嗎？如果你是公司的老闆，現在決定將自己擁有的股權賣給第三者，你希望價錢賣得合理，抑或是愈貴愈好？我相信沒有人會跟錢作對吧！當然希望買得愈貴愈好啦！搞IPO，就是要抽水，當然會想提高估值，那就抽水抽得最多，所以新股定價通常也會較高（你看新股多以最高抑或最低招股價定價就明瞭）。

簡單想一想，你去零食店買零食，新品通常會較貴，一來供應少，二來消費者沒有類比的商品／過去價格可格價。慢慢地這新品變舊品後，價錢就會下降至大家接受的合理水準，因為供應多了（放到股票，就是二手市場會多了小股民賣貨），大家有類比的商品／過去價格可以格價，就不會付貴價去買這商品了。實際的經營環境只有時間才能反映，所以小薯通常只會投資起碼上市超過兩年的公司。

最後一個是資金用途的問題，特別是中小型上市公司。很多投資者以為公司搞IPO是為發展業務，而招股書內提供的資金用途也一定會說「作為業務的流動資金用途」，配以有數項的發展計劃，所以需要集資這個金額。不過，這些用途、集資額合理嗎？再推算這個時間集資是否合理？其實，如果有看招股書，某些公司本身是有一定的資金及借貸能力，為甚麼這些公司會願意出售自己的股權，攤薄自己的權益？

因為公司的上市地位有價有市。有留意新聞的話，大家應該聽過殼股及賣殼，其他公司可以通過收購上市公司，再注入自己的業務，變相就是自己的公司上市了，收購方就是買殼，被收購的上市公司就是賣殼。公司的上市地位是有價有市的，一個殼股，在主板上市的公司的殼價能值三至四億，所以相對上市的數千萬費用，「啤殼」實在是有利可圖。不過，近年聯交所已收緊上市條例，「啤殼」已較以往難很多。

抽新股宜一手起兩手止

另外，根據上市規則，上市公司最少必須有25%公司股權屬公眾持有，或最少需要300個股東。試想想，如果有一些不老實的老闆及莊家，找些朋友或大堆證券戶口，在IPO大量入飛，買入這25%中的大部分股份（即是市場所說的貨源歸邊），之後這班人不斷炒高股份、「搭棚」，最後在這音樂椅的盡頭，停下接火棒的，通常就是無知的小散戶，隨後股價就會大跌。這些

公司一般也不是優質公司，接貨時的高位可能永遠回不了，散戶的損失只能是永久的！所以單憑招股書，你不會知道這公司是有意思繼續營運，擴大規模，還是只顧玩財技。

當然，有些公司是真的有集資需求，始終做生意，缺錢時需要融資。而要得到資金，不外乎賣股權、發外債。未上市的就找新投資者、找銀行；已上市的，就可以發新股、供股、發債、發可換股債等。可是，不少公司在招股的一刻，小薯自問看不清其意圖。

故此，小薯通常對IPO或半新股持觀望態度，傾向待公司經營了一段時間，確定管理層有執行能力，亦有意思繼續營運才會購入。唯一小薯認為應該抽的新股，就是政府發行的新股，因為政府發行新股不是為了賺錢，而且拆出來的業務通常也有一定的壟斷優勢，加上政府一貫的低效率，讓私有化後的公司更能利用市場方式運作，有更大的增值空間，最經典的例子就是港鐵（0066）和領展（0823）。

如果真的想抽新股，小薯建議注碼限制在資產較少的百份比，始終IPO的不確定性較高，也不建議用孖展形式投資，因為風險較高。同時，也需注意IPO往往會鎖住資金一段時間，也建議確定現金流沒有問題才下注。

其實，小薯偶而也會抽新股，但一手起兩手止，也不會做孖展，亦會在上市後短期內出售，有賺就當賺餐晚，輸了也不會入肉，始終於小薯來說，抽新股像賭錢，多於投資。

別管升跌市
佛系投資繫於價值

當小薯跟朋友分享價值投資理念的時候，他們通常都會說小薯的投資方法是佛系投資，買入股票之後就甚麼也不管，就等股價升，而且也永遠不會出售。

小薯也明白他們為甚麼有這個想法，因為他們認為價值投資者買入股票之後就會放著不管，中間不會有任何動作。股票升的時候，就會說股價反映公司價值提升。股市大跌時，就會說公司被低估，是時候買入。買入後由於是放著等它的價值提升，所以也沒有出售的時候。

2020年第一季，適逢執筆的時候出現十年難得一遇的股災，美股短短幾個星期大跌數千點。相信這一次大跌市，應該對不少價值投資者帶來一定的衝擊，那不如趁這個機會分享一下小薯這個價值投資捍衛者的想法。

止蝕，
不止蝕？

不知甚麼原因，在這個投資世界總會有兩種人，一種不知道自己幹甚麼的人，另外一種是做對了一次就會像錄音機不斷重複自己「威水史」，之後就會化身先知給別人提供意見。

圖2—1 恒指走勢圖

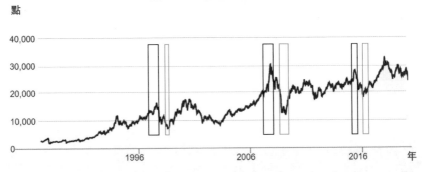

過去多年，恒指多次經歷大起大跌。在上圖黑框的時間：

「而家股市升到咁高，係唔係要清倉，先行獲利？」

「唔係呀嘛，而家走？就快30,000點嫁喇，而家走就蝕水，緊係唔好走啦！我嗰時（N年前）高位走賺咗唔知幾多呀！」

在橙框的時間：

「而家股市跌到咁殘，係唔係要清倉，止咗蝕先呀？」

「都話咗要清倉啦！好彩我一早清倉。如果唔係，呢個月賺咗也不夠蝕呀！」

以上兩番言論，是否似曾相識呢，也引起小薯重新思考，價值投資者是否真的買入後就不會賣出？或者沒有止蝕的概念？

股價終會回歸價值

其實小薯有一個信念，股票市場短期只是公司的人氣投票機，所以股價會升升跌跌，這全取決於當刻公司股票的供求關係。長遠來說，股價必然回歸價值。基於此原因，小薯會分開幾步去決定賣出策略：

第一步：先檢視當初買入原因是否已經不存在。例如手機市場，N年前Nokia的優勢是他的市場領導地位，但當Apple出現後，Nokia沒有對應政策，其領導地位因此受到動搖。當買入原因已經不在，小薯必定會清倉，因為本身公司的基本面已經變了！出現這情況通常都伴隨股價下跌，並且已經返魂無術，一個很好的教材就是思捷環球（0330）。

這是小薯考慮是否賣出公司的最基本、和主要的原因。如果基本面真的出現變化，那就真的要止蝕了！

公司質素沒變 跌市應加注

如果買入原因沒有變化，策略就很難定了！假如買入的原因沒有變，在跌市時，那要問，應該加注抑或止蝕。價值投資者很喜歡引用巴菲特的一個問題：「如果你是一個食漢堡包的人，你會想漢堡包便宜些，抑或貴些？」不言而喻，答案就是跌市時應該要加注。

可是小薯也明白，當我們一直加倉，越跌越加，本金愈來愈大，股市一直下跌，$100萬本金，餘$30萬現金，$70萬股票下跌30%蝕$21萬。如果好似之前金融海嘯，虧損可能達80%，不斷加倉的話虧損愈大，心理上可能很難受。

首先，要處理以上情緒，就要明白資產價值和價錢的分別（如果還未明白，請重溫第1.1章《付出「價格」 收回「價值」》）。帳面虧損的，只是資產的價錢，而不是價值。除非基本面出現永久的負面變化，那價值可能真的有所下跌。小薯很少看股票機，在大跌市時小薯的股票戶口也會見紅，但又有甚麼問題？如果我們清楚知道買的股票價值所在，也知道股價總會回歸價值，那有甚麼好怕？

其他公司更超值 考慮換馬

另一個情況小薯可能會選擇「止蝕」，就是當找到另外一間更超值、股價更低殘的公司。舉個例子：煤氣（0003）我們買入價是 $15，現在跌到 $13（只是假設），帳面見紅。另外，我們發現領展（0823）不知甚麼原因，由 $90 大跌到 $30，比估值低50%（也是假設），那小薯也可能會蝕賣煤氣，買入領展，因為領展更超值，升回合理價的機會更大。當然，這個操作的前設是對兩間公司都有足夠的分析和評估，如果不清楚新的目標公司之價值，就不如繼續持有現在公司。

最後一個情況就是，投資也已經影響生活，不止本金全輸，還要輸到「入肉」，那為了保持自己的財政穩健，小薯也會考慮賣出一些股票（雖然到現在都未試過）。

小薯一直都會告誡別人，不要把所有錢投入到股市內，要做好保險、現金儲備等的全套資產配置。如果把所有現金投資於股市，在大跌市時心理壓力就更大，更容易做錯決定，所以小薯經常說投資的錢一定要是閒錢，輸了也不會影響生活。如果要借貸，不管是孖展、稅貸等，謹記嚴守現金流原則，先想風險後想好處，如果沒有足夠的財商去處理借貸，還是保守些好一點。

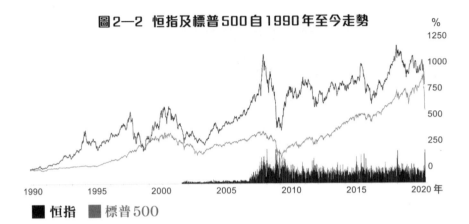

圖 2−2 恒指及標普 500 自 1990 年至今走勢

| % |
| 1250 |
| 1000 |
| 750 |
| 500 |
| 250 |
| 0 |

1990　　1995　　2000　　2005　　2010　　2015　　2020 年

■ 恒指　　■ 標普 500

我們一起回顧一下恒指及標普 500 由 1990 年到現在的走勢圖，可以看得出股市無常，可是變幻卻是永恒。大瀉後可以升回再大瀉，但長期也是上升的，所以在大升市，要沉著；面對大跌市，更要冷靜，方為大師傅。

股市股價短期升跌，不等於價值有變，在大跌市時，做完功課的投資者就能發現股價低於價值的股票，有策略地分注買入。買的時候要有承受進一步捱價的準備，才進貨。買一間公司的目標是長期持有，既然這一刻你願意以這個價格買入持有，為何跌多一半，你會懼怕？而不是覺得更吸引？

小薯在第 1.2 章《保本是硬道理》也提過，投資第一點是要保本，要懂防守、要做好資產配置。在大跌市，也正因為沒有蝕入肉，才能令小薯在跌市中保持平穩的心境。巴菲特說過：「成功的秘訣有三條：第一，儘量避免風險，保住本金；第二，儘量避免風險，保住本金；第三，堅決牢記第一、第二條。」這個宗旨，就是讓小薯渡過過去風浪的要旨。

2.2

愈跌愈買，就是價值投資？

圖2─3 恒指、標普500、上證指數走勢圖

■ **恒指**　■ 標普500　■ 上證指數

小薯執筆當天（2020年3月13日），美股由高位29,000點，短短十多日之內就大跌超過20%，加上之前長達10年的大牛市，不少人就會認為這是一個入市投資的機會，因為現在熊市來了、股災到臨，但熊市是否真的來了？同時，香港股市這一個怪胎，中國股市跌，香港會跟跌；美國股市跌，香港也會跟

跌，只有中國和美國股市齊齊升的時候才會有一個明顯上升的走勢，所以買入港股的投資者是很慘的。

便宜區入貨≠溝淡

小薯也相信大多數價值投資者，大多有一個傾向就是愈跌愈買，因為「當別人恐懼時貪婪」，只有跌的時候才會出現價值投資的機會，之後等到價值回歸時就可以賺取利潤。

這個世界，有一班投資者會自認是價值投資者，股市愈跌愈興奮，股價愈跌就愈買入，小薯是明白的。可是甚麼功課也沒有做，不問價值，愈買愈跌，愈跌愈買，沒有做好風險管理，小薯會認為這是「溝淡」的行為，接火棒。即使事後賺了錢，小薯也只能說這位幸運兒是有一些運氣，而非真正了解價值投資真諦。

小薯舉一個例子，各位讀者也可以思考一下。你一直在研究港交所（0388），並做了估值，認為公司值 $220（利申：只是舉例）。過去一星期股價就好像 3 月時股市大瀉，今天股市繼續大跌，不止跌到 $225，還跌到 $200，有你認為足夠的安全邊際，而且資產配置已經做好，那你會不會買入港交所，抑或再等一會、看看會不會再有下跌的空間？

要做資產配置 再算估值

如果你因為見到大市下跌而去追入，而不問資產配置也不管估值，又或者已到價但期待進一步下跌時才入貨以減低成本，這些時候其實你已被市場支配了！

前者在那一刻，其實是見到股價短期下跌而心理上感到不舒服，所以追入溝淡。當然買入價是有更大的安全邊際，但是這種追入就打破了你的資產配置，變相加大了你的組合風險。

後者就是在估計大市走向，去「估底」並希望做到「撈底」的結果，其實除非你配合技術分析，否則也是在賭運氣。老實說，坊間有不少財演，明顯是技術分析派，在解釋不了大市方向時，在大跌市時就會拿價值投資做擋箭牌，在大升市就會拿趨勢投資來忽悠過去。

所謂逢低吸納，其實是應該先做好資產配置，計算好估值，有足夠安全邊際，在股價跌到自己心目中的價位時，果斷分段出手買入。操作時，小薯會先設定好限價盤，之後就放著不管，入到就入，入不到就再等下次機會，錢橫豎是賺不盡，而且也不是只有投資股票才能賺錢。

確保有足夠現金儲備

如果有緣買入了，買入後升又好、跌又好，就不要再去想，遠離股票市場（甚至買入時也不用看股票機）。因為你能在這個時候買入，正是因為市場正處於大恐慌，會出現大上大落，而在這一刻市場很大機會會反覆探底。人是一種很感性的動物，無論是理性知道價值投資的操作，還是會無可避免地被市場牽動情緒，最後又會左一把、右一把，又回到起點。故此，當你買入之後最好就是不要管市場，慢慢地等待市場返回理性，價值回歸。

最後，請謹記即使是計好估值，買入時也要留意自己的現金水平，確保自己有足夠的現金儲備；如果要用孖展，更要考慮好後備方案。因為在大風大浪的時期，沒有人知道孖展有沒有機會被斬倉，也不知道自己一直以為很穩定的現金流會不會突然斷掉，如果因為現金流出現問題而過不了這個難關，被迫賣出持股離場，那就算未來股價回歸合理價值，已經跟你沒任何關係了！

2.3 別過份貪婪別人的恐懼

執筆當天（2020年3月19日），股市出現了大恐慌，連向來防守力強的公用股也暴跌，中電（0002）跌6.4%、長建（1038）挫12.6%，房託板塊也跌5.8%。有分析指3月時的股市大瀉，一是因為新冠肺炎、二是石油危機、三是自動化程式自動止蝕沽貨，還有就是去槓桿的效應，因為以往利用槓桿的投資者（股又好、債又好），在股市大瀉的情況下，因資產值不夠而被追孖展，一是要賣貨補倉減槓桿，二是補不到倉被人斬倉，哪一種動作都會加劇市場動盪。

這些時候，就再一次證明槓桿是雙刃刀，用得好就加快致富，相反就「死無葬身之地」。

在美股、港股一路向下瀉的時候，應該就是價值投資者不斷分注入市的時機。不過貪婪別人的恐懼的時候，請大家謹記平衡風險管理，不管是金錢上、還有心態上，不要過份貪婪別人的恐懼。

金錢上的風險管理，小薯在前文也提及，股票買得再便宜，卻因為突然的資金需求而被迫出售股票，也是享受不了之後股市回升的好處。故此，謹記要保留足夠的應急錢，最好至少6個月至1年的支出，確保你的生活不會受到突如其來的變化影響，不會因出現資金鏈斷裂而要被迫出售股票。過得了大跌市的一關，才能成為真英雄、大師傅！

心態上的風險管理，有三個方面要準備：

1. 大跌市入貨後 遠離股市

如果現在已經滿倉的人，在買入了之後，股市可能會繼續探底，所以你買的股票可能會出現帳面上的虧蝕，甚至超過數十個巴仙。別人恐慌我貪婪，重要的是別人恐慌完，你貪婪完，卻到你開始恐慌，做出一些錯誤的決定，那就功虧一簣。另外，當自己已經滿倉，但見到別人還有餘錢入貨，心裡就會不是味兒，心裡可能會出現一個想法，應否再追入繼續入市，就借貸買貨（借貸是雙刃刀，真的要有足夠的財商才建議去用），誰不知久未見底，出現上述的現金流風險。

當你真的滿倉，最好的方法就是買入了後，就遠離股市雜訊，甚至不與人討論股票，做一些自己開心的事、喜歡的事，慢慢等待經濟和股市回升就行了！

2. 保持定力 堅持投資策略

雖然價值投資者常被人說是孤獨的投資者，但也會有不少同行
人。這一班同行人大多不怕跌市，愈便宜愈入，變相加強了自
己買入的理由。同時，這些時候就會出現很多「號碼」，說這間
公司被嚴重低估、那間公司抵買，定力不夠，就會因為相信同
行人（因為大家理念相同）而盲目買入，這樣就跟聽電台買股票
的人一樣！

另外，明明已經設定好投資策略，但見到別人不斷買入的時候，就出現羊群心理，誰知別人還有十注，你已經是最後一注了！這個兵荒馬亂的時候，與人討論股票是無傷大雅，但謹記要保持平常心，不要做出衝動的決定，自己已設定好的策略，就繼續執行，買夠了就立即停手！否則又會出現上述的現金流風險問題，又是自討沒趣的事。如果自問不能抵抗同行人的誘惑，就不如遠離這些群組，趁這一段兵荒馬亂，但自己悠然自得的時候，豐富自己的財商，待日後出現第二次、第三次機會的時候，就能更加好好把握。

3. 買入前再重新估值

價值投資者通常先會為公司估值，將股價對比價值，在有足夠安全邊際的情況下買入股票，這是價值投資的基本做法。可是當股市出現這類型大恐懼的時候，我們可能會自我懷疑起來，懷疑先前計算的估值是否對、是否合理，甚至懷疑自己的選股是否正確、公司是否真的優質。

如果你真的懷疑自己，在真的買入之前，再一次評估公司，再重新計算估值，回望一下過去10年公司的股價和業績走勢，如果依然認為自己的判斷沒有錯、公司的基本面沒有變、估值沒有錯、安全邊際足夠，就勇敢地相信自己，不要被市場賦予公司的價格帶著走，保持好自己的心態，果斷地買入自己心儀的

公司！寧願買貴少許，也不會在恐慌的時候買入，只有買入後你仍然睡得安落，你才不會被市場牽著鼻子走。

市場是瞬息萬變，市場先生的脾氣是很大的，1997、1998年的金融風暴，2008年的金融海嘯，2016年的熔斷股災，歷史是可以借鑒，也會一再重演，但是不會完全複製，一模一樣，以為2008年、2016年是最壞的時候，可能今次2020年更壞。無論外邊如何兵荒馬亂、六國大封相，謹記要對市場心存敬畏的心，謙卑地做好自己的本分，只要能在市場中生存下來，你就是最終的贏家了！

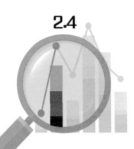

2.4 股市走勢 vs 公司未來趨勢

有很多人說價值投資是不會預測，因為當他們問起股市未來是
升或跌的時候，這一班價值投資者都會跟他們說：「為甚麼要預
測未來的股市走勢？我們最重要是看公司的價值。我沒有水晶
球，沒有可能預測到股市未來的走勢。」所以，他們就有一個感
覺，價值投資者是不會預測未來。

公司未來發展 決定價值

不過，其實小薯也會預測未來的。可是，小薯預測的，不是股
價，而是公司的未來趨勢走向。例如在智能電話未出現之前，
Nokia是手提電話的龍頭大佬。如果Apple沒有出現，小薯
可能會預測Nokia依然會是手提電話的龍頭大佬。可是，當
iPhone大賣並影響我們的生活，那我們就要預測Nokia的地位
會不會受到動搖，繼而判斷公司的基本面有沒有變化。

彼得·林奇說過：「沒有人能預測利率、經濟或股市未來的走
向，拋開這樣的預測，只注意觀察你已投資的公司究竟在發生
甚麼事。」小薯一直都是專注分析公司，因為我們買的是公司的
業務，而不是公司的股價。

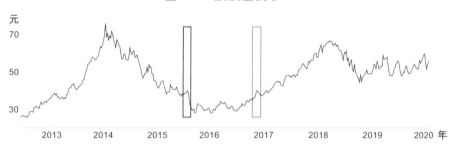

圖 2—4 股價圖例子

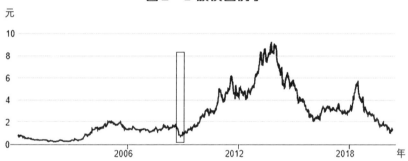

圖 2—5 股價圖例子

給大家兩個例子，在圖2—4，如果在2015年下旬（黑框位置），
之後股價再跌40%到2016年的谷底，如果這時賣了，就錯過
了之後到2018年的升浪。這個升浪由谷底計升3.3倍，由2015
年下旬（或者你猶豫了一會由谷底回升後的橙框位置才買入）計
也升了2倍。

在圖2—5，股價已經由2003年起步，連帶股息升至2005年的高位，回報超過4倍，隨後5年橫行但有股息，2008年大跌市時跌回2003年的股價（黑框位置）。當然，如果能在2008年跌市前賣出是最好，不過通常都不會了！在2008年這個時刻賣出，就會錯過了之後到2014年的升浪。由2008年低位起計到2014年高位，升了17倍，即使由2005年的高位起計，也升了近4.6倍。

公司基本面是否改變了？

其實圖2—4就是銀娛（0027）的股價圖。究竟在2016年那一刻，銀娛是基本面出了變化，還是只是大環境經濟短期轉差而出現下跌？如果銀娛寡頭壟斷的基本面沒有變，只是大環境經濟短期轉差，那即是總會有一天轉好，那為何會考慮在2016年賣出銀娛？

圖2—5就是莎莎（0178）的股價圖。同樣，究竟在2008年那一刻，莎莎是基本面出了變化，還是只是大環境經濟短期轉差而出現下跌？到了今天2020年，大環境出現轉變，電商抬頭，股價會跌至2008年的價位，又是一次經濟短期轉差，抑或基本面出現變化，就待大家想想了！

如果我們預測銀娛和莎莎的股價走勢，你會在上面說的時間有甚麼動作？如果我們根據銀娛和莎莎的基本面和已有的資料，預測公司的未來發展，你又會有不同的結論嗎？（小薯也會於第三章通過銀娛和莎莎兩間公司，分享一下如何分析公司的年報；也會通過銀娛作例子，於第六章討論估值工具的使用）

讀年報
就像看推理小說！

前文提過，讀公司年報就像看推理小說！這比喻一點不假，因為年報就是這間公司為你訴說它的故事，可能有真相，也有假象；你要從不同的蛛絲馬跡，推斷內裡出現的人，是正人君子、真小人、偽君子、還是騙徒！總之，你要買入一間企業之前，最好要看通這本公司推理小說，否則凶案現場是你的錢包、受害人是你的錢財，而騙徒已經逃之夭夭！

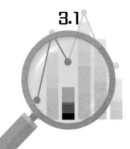

3.1

公司推理小說的蛛絲馬跡

這本公司推理小說,以重要性來排列,包括:

結局:核數師意見 — 主要載於核數師報告,假如核數師對一間上市公司的帳目持保留意見,便可能是公司出現問題的先兆

前言:概述公司主席對過去一年的業務感想和未來大計 — 主要載於主席報告

主線:概述公司在年度內的業務活動、回顧市場的經營環境、公司未來的經營策略等 — 主要載於管理層討論與分析

線索:財務數據 — 主要載於財務會計報告

人物設定:公司的董事和管理層的背景 — 主要載於董事和管理層履歷

作者序:概述公司與董事的關係、及公司概要 — 主要載於董事會報告

附錄:概述公司的企業管治情況 — 主要載於企業管治報告

年報季報 不容忽視

一間好的上市公司，一定會不斷迅速轉變以應對最新的發展趨勢。作為股東，有權利亦有義務去了解公司的發展動向，特別是影響公司的前景、盈利、公司價值，以至股票價格的事項。先不說上市公司的公告，公司每季或每半年出的報告是必須要閱讀的！一般來說，香港主板上市公司披露的資料應包括財務報表、年度及中期報告，而GEM（註：GEM前稱「Growth Enterprise Market」及「創業板」，《上市規則》於2018年2月15日修改並生效後，以上兩個名稱不會再使用，並統一改稱為「GEM」，下文將會統一用新名「GEM」來討論）的上市公司除要披露上述財務資料外，亦須就每個財政年度發表季度報告。

主板及GEM的上市公司，分別必須在財政年度完結之日起計後的4個月及3個月內印發年報，並須在召開周年股東大會前最少21日發給股東；中期報告就分別必須在財政期間完結之日起計不遲於3個月及45日刊發；季度報告則必須在季度完結之日起計不遲於45日刊發。同時，在報告刊發之前，聯交所為確保資料的適時性，也要求在主板及GEM上市的公司必須在財政期間完結之日起計後的3個月內發布全年業績的初步業績公告，半年業績則分別必須在財政年度首6個月完結之日起計後的2個月及45日內發布半年的初步業績公告（即是大家經常聽到的業績期），而這份初步業績公告大致上都是由年報／中期報截取出來的。

三大報表是核心線索

主板及GEM上市公司的年報披露要求大同小異,但也有一些不同的地方;而中期報的披露要求則比年報的披露要求為少。本書主要是根據主板上市公司的年報披露要求去解釋年報的基本內容。聯交所對年報及中期報的內容詳細的披露要求,並主要在《主板上市規則》(下稱《上市規則》)第四章和附錄十六列出,不過內容涉及不少艱澀的法律用詞,有興趣的朋友才跑去看吧!如果只想知道一個小投資者需要了解的,各位可細閱本書討論的年報披露要點。

要為上市公司年報作推理分析,核心線索是財務會計報告,包括核數師報告及資產負債表、利潤表、現金流量表三大會計報表等內容。而核數師報告,就能讓我們評估報告內的資訊質素,所謂「rubbish in,rubbish out」,報告內的資訊質素高低,往往決定我們能否從年報中發掘有價值的資訊。

三大會計報表顯示了上市公司的資產負債、盈利能力、現金流動、股東權益變動情況,已反映甚為全面的財務資訊。投資者初步了解上述幾部分內容後,再略看最近一年的管理層討論與分析,就可根據自身的投資要求,大致確定所讀年報是否需作進一步詳盡、認真分析,也可決定該公司是否值得繼續研究。所以,投資前閱讀年報,可謂事半功倍。

3.2 結局：核數師報告

大家看推理小說，可能不會先看結局。可是，小薯總會一開始先看誰是兇手（當然不看其手法），起碼知道結局不會爛尾拖拉吧（好像某套知名小學生名偵探漫畫，到現在也未見終極BOSS）！故此，小薯在分析公司時，第一樣看的不是公司的財務數據，而是結局——獨立核數師報告！

核數師選擇 反映公司管治質素

小股東雖說是股東，通常也不會直接接觸到公司的財務數據，也不會有相關的專業知識去評估財務數據的對與錯。小股東就通過公司委任核數師（所以核數師的老闆其實是股東，而不是公司或者管理層，這是為甚麼獨立核數師報告的抬頭是給公司股東，而不是公司本身），要求核數師獨立地為股東把關，確保公司的財務數據是準確的，所以核數師的質素和意見是重中之重。如果核數師的意見是負面的，其他部分不看也罷！

首先說核數師的質素，小薯只會選擇由 Big 4 核數的公司。Big 4 即是四大會計師事務所，包括羅兵咸永道（PwC）、德勤（Deloitte）、安永（EY）、畢馬威（KPMG），俗稱 EDPK。小薯不是說其他會計師事務所不好，而是中小型事務所的資源沒有 Big 4 多，變相對核數工作和風險品質管理也會較寬鬆。同時，好的核數師對公司融資也有好處，所以良好管治的公司不會只為了節省成本而採用中小型事務所。故此，核數師的選擇已能初步評估公司的管治質素。

4類核數師意見

再說核數師意見，核數師意見可分為4款。第一款「無保留意見 Unqualified opinion」，屬最常見，即是行內俗稱的 Clean report，是最標準的意見。在報告當中，核數師會認為財務報表是根據當地公認的會計準則來編製，且真實和中肯地（或「公平地」、True and fair）反映企業的財務情況。雖然核數報告基於核數有固有風險（inherent risk），只會提供合理確信（reasonable assurance），而不能提供絕對確信（absolute assurance），但當我們看到這款報告，財務報表也錯不了太多，大可安心使用該財務表。

圖3—1 莎莎獨立核數師報告（由羅兵咸永道核數）

我們的意見

我們認為，該等綜合財務報表已根據香港會計師公會頒布的《香港財務報告準則》真實而中肯地反映了　貴集團於2019年3月31日的綜合財務狀況及其截至該日止年度的綜合財務表現及綜合現金流量，並已遵照香港《公司條例》的披露規定妥為擬備。

資料來源：莎莎 2018/19 年年報

既然 Clean report 是 Clean 的，即是意味著餘下的三款就是不 Clean 啦！以意見的嚴格程度排名，較不嚴重的就是「保留意見 Qualified opinion」報告，接著就是第三款「否定意見 Adverse opinion」報告，和第四款「無法表示意見 Disclaimer of opinion」，這些意見會稱之為「非標準意見」。

就第二款「保留意見Qualified opinion」而言，核數師認為財務報表是根據當地公認的會計準則來編製，且真實和中肯地（或「公平地」，True and fair）反映企業的財務情況，不過除了核數師在報告中特地指出的範圍外。

圖3─2盛源控股獨立核數師報告（由香港立信德豪核數）

QUALIFIED OPINION

We have audited the consolidated financial statements of Sheng Yuan Holdings Limited (the "Company") and its subsidiaries (together the "Group") set out on pages 85 to 227, which comprise the consolidated statement of financial position as at 31 December 2018, and the consolidated statement of profit or loss and other comprehensive income, the consolidated statement of changes in equity and the consolidated statement of cash flows for the year then ended, and notes to the consolidated financial statements, including a summary of significant accounting policies.

In our opinion, except for the possible effects of the matters described in the "Basis for Qualified Opinion" section of our report, the consolidated financial statements give a true and fair view of the consolidated financial position of the Group as at 31 December 2018, and of its consolidated financial performance and its consolidated cash flows for the year then ended in accordance with Hong Kong Financial Reporting Standards ("HKFRSs") issued by the Hong Kong Institute of Certified Public Accountants ("HKICPA") and have been properly prepared in compliance with the disclosure requirements of the Hong Kong Companies Ordinance.

保留意見

本核數師（以下簡稱「吾等」）已審核刊於第85至227頁有關盛源控股有限公司（「貴公司」）及其附屬公司（統稱「貴集團」）之綜合財務報表，此綜合財務報表包括於二零一八年十二月三十一日之綜合財務狀況表，與截至該日止年度之綜合損益及其他全面收益表、綜合權益變動表及綜合現金流量表，以及綜合財務報表附註，其包括主要會計政策概要。

吾等認為，除吾等作出之報告之「保留意見之基礎」一節所述之事宜之可能影響外，綜合財務報表乃根據香港會計師公會（「香港會計師公會」）頒佈之香港財務報告準則（「香港財務報告準則」）真實公允地反映了　貴集團於二零一八年十二月三十一日之綜合財務狀況及截至該日止年度之綜合財務表現及綜合現金流量，且已根據香港公司條例之披露規定妥為編製。

資料來源：盛源控股2018年年報

當核數師認為財務報表嚴重出錯，不能公允地反映公司的財務表現，核數師就會出具第三款意見──「否定意見Adverse opinion」。

圖3—3 福和集團獨立核數師報告（由羅兵咸永道核數）

ADVERSE OPINION

In our opinion, because of the significance of the matters discussed in the Basis for Adverse Opinion paragraphs, the consolidated financial statements do not give a true and fair view of the state of affairs of the Company and of the Group as at 31 March 2012, and of the Group's loss and cash flows for the year then ended in accordance with International Financial Reporting Standards and the consolidated financial statements have not been prepared in accordance with the disclosure requirements of the Hong Kong Companies Ordinance.

否定意見

我們認為，由於「否定意見之基準」一段所提及事宜之嚴重性，故綜合財務報表並未根據國際財務報告準則真實而公平地反映 貴公司及 貴集團於二零一二年三月三十一日之事務狀況及 貴集團截至該日止年度之虧損及現金流量，而綜合財務報表並無按照香港《公司條例》之披露規定編製。

資料來源：福和集團2012年年報

當核數師按會計師公會的審計準則工作時，卻未能收集足夠證據進行審計工作，並構成「重大」（Material）且「廣泛」（Pervasive）的影響，令核數師無法發表審計意見，就會出具第四款意見——「無法表示意見Disclaimer of opinion」。當核數師列出第四款意見，意味著問題十分嚴重，因為涉及的問題不單重大，而且影響廣泛至整體財務報表也可能有問題，核數師別無他選，只能對整份財務報告不表示任何意見（如並非影響廣泛至整體財務報表，核數師可列出「保留意見」，即只對某部分有所保留）。

圖3—4 中國山水水泥獨立核數師報告（由畢馬威核數）

無法表示意見

本核數師（以下簡稱「我們」）已審計列載於第101頁至第224頁中國山水水泥集團有限公司（以下簡稱「貴公司」）及附屬公司（簡稱「貴集團」）的合併財務報表。此合併財務報表包括於2016年12月31日的合併財務狀況表，2016年度的合併損益表、合併損益表及其他綜合收益表、合併權益變動表和合併現金流量表，以及主要會計政策概要及其他附註。

我們無法就 貴集團合併財務報表發表意見。由於「導致無法表示意見的基礎」段落所述事項的重大影響，我們無法獲取充分、適當的審計證據為對該合併財務報表發表審計意見提供基礎。

資料來源：中國山水水泥2016年年報

核數師無法表示或否定意見 會被停牌

根據《上市規則》第13.50A規定，若發行人就個別財政年度刊發初步業績公告時，其核數師對財務報表發出或表示「無法表示意見」或「否定意見」，港交所一般會要求該發行人的證券暫停買賣（即是「停牌」），而主板公司持續停牌超過18個月、GEM公司超過12個月，就可能會被取消上市地位（即是「除牌」）。故此，通常核數師都會在會計準則容許下，利用會計準則的詮釋空間，爭取空間發表「無保留意見」。當核數師列出非標準意見，代表核數師對公司的財務報表作出最嚴重的指控，沒有足夠的證據，是不會貿貿然列出非標準意見。而到這個時間，就意味核數師和公司的關係幾乎肯定破裂，最後免不了核數師被辭任的結局。

所以，如果讀者投資的公司無法取得Clean Report，即代表公司的財務數據應該出了不少問題，那小薯會奉勸各位盡快處理這些公司的股票了！

3.3

前言：
主席報告書

如推理小說一樣，前幾章都會交代一下故事背景、偵探主角踏入事件的經過，年報的主席報告書，就做到這個效果。顧名思義，主席報告書就是公司主席向股東作出的一份報告書，雖然通常只有寥寥數頁，但基本已概括了整個管理層討論及分析和整本年報的重點，可以當作是整份年報的一個概要。主席報告書會總結整年的營運和財務表現、透露公司正在面對的風險，以及對將來的想法。正正因為主席報告書的內容是有舉足輕重的地位，所以內容行文通常都會十分謹慎，特別是未來展望的一部分，寫得太過樂觀或者太過悲觀，都會怕市場過分解讀，甚至怕說了一些做不了的事情，符合不了市場預期又會影響股價。故此，主席報告書就像我們的領導人說話一樣，話中有話，聽得懂當中的弦外之音，看得懂報告書當中的玄機，對我們了解公司業務發展十分重要。

掌握公司透明度

報喜不報憂是人之常情。公司誇獎自己業績有多好，未來前景有多遠大，是人之常情，小薯是明白的。可是，優質的投資者

絕對歡迎公司提高透明度，討論它面對的風險。其實，只要公司有明確的措施去處理這些風險，投資者是歡迎的。故此，投資者其實可以通過主席報告書來了解公司是否願意開誠佈公，報喜也報憂。

銀河娛樂（0027）於賭業底谷的2015年年報：「一如預期，2015年宏觀環境嚴峻，澳門及其娛樂產業和銀娛仍然舉步維艱，市場上的消費者態度日趨審慎，前往澳門的高端客戶減少。」「管理層專注於引入可帶來回報的投注額，並實行成本控制措施。營運成本控制方案中減省8億港元成本的目標至今已達成了約60%。」「我們承認，環球宏觀經濟及政治環境存在挑戰，可能為澳門市場帶來一定程度上的持續波動。儘管如此，

我們對澳門的長遠潛力深信不移。」短短幾段文字，就帶出了銀娛面對的困難，做了甚麼措施，同時堅定投資者的信心。

相反，一家在香港主板上市的礦資源公司在2013／14的年報內表示收購了一個礦場，稱可以讓公司整合其礦石業務，「擁有xx平方公里礦區的勘探權及超過xx平方公里的採礦特許權」。可是，到了2014／15年，公司只是誇誇其詞世界市場有多好，再添購的礦場有多豐富的資源，但就沒提及對原先收購的礦場有甚麼開採計劃。最後，這兩個礦場就一直停產，大幅減值，但只是諉過市場的波動，完全沒有解釋出現甚麼問題，完全顯示不出有誠意跟股東溝通的感覺！

重溫去年展望 再讀今年報告

再深入一點，小薯看主席報告書，通常會先看回上一年度「展望」的一部分，再看今年的主席報告書。本章節就跟大家分享一間公司的主席報告書，就會明白小薯為甚麼有這種做法。這家公司就是莎莎國際控股（0178）。莎莎的主席及行政總裁郭少明博士在年報內表達他對未來的展望：

2011／12年的年報：「憑藉於港澳核心市場的良好往績紀錄及穩固基礎，集團將積極加強海外市場的業務，提升銷售額及市場份額，同時提高海外市場對集團的貢獻。」當時是化妝品零售業的增長期，樂觀的態度是肯定的，還要提出未來的行動綱領：

「致力於建立及管理其積極主動的專業團隊⋯⋯針對性的市場
推廣活動提高宣傳效益⋯⋯在來年的庫存風險及現金流管理方
面,我們將採取更為嚴謹和審慎的措施。」

2014╱15年的年報:「2015╱16財政年度對香港零售市場而言
將會是充滿困難及挑戰的一年,部分挑戰或造就機遇,例如自
由貿易區將促進跨境電子商貿的發展。整體而言,我們預期內
地訪港旅客人次增長將放緩而人均消費金額亦將下降,興旺的
股票市場將帶動本地消費意欲,但強勢的港元及美元令本地及
內地消費者均感到海外購物更具吸引力。」當時,化妝品零售業
增長減速甚至倒退,郭博士就提出了他們的憂慮。不過,也提
出了解決辦法:「豐富產品組合、加強與供應商的合作、提升服
務標準、重整零售網絡以及減低租金成本等措施」。

在化妝品零售業增長減速的情況下,在2015╱16年的年報
中:「精簡產品組合,令我們能更有效地管理存倉,減少庫存成
本⋯⋯專注重整零售網絡,提高店舖生產力和降低包括租金成
本在內的整體營運成本⋯⋯通過市場分類推動銷售增長」解答了
投資者對公司如何減成本、增銷售的問題。

最後,不忘回顧過去公司是如何渡過難關堅持公司的理念:「本
人堅信,憑藉集團穩健的財政基礎、強效的企業管治,並配合
我們的發展策略、靈活應變和對抗逆境的能力,集團定可克服
挑戰。多年以來,集團利用自己的力量和智慧渡過了各種經濟
狀況。我們依然堅定承諾:繼續推動業務增長,提供一流的客
戶服務,為顧客創造最佳的購物體驗,保持我們於亞太區化妝
品零售行業的領導地位。」

管理層有否守承諾？

如果大家從主席報告書裡，能夠認清公司主席對未來一年的發展抱著怎麼樣的態度，了解到公司用甚麼行動去實踐他的抱負，就能想像到下年度公司的狀況。接著，我們最後看看管理層在2012／13年及2015／16年的實踐成果：

2012／13年的年報提到：「在國內各個營運板塊進一步強化本地管理團隊」、「首次就國內市場委任特定的『瑞士葆麗美』Suisse Programme品牌代言人」、「實施品質管理系統，統一工作流程及檔案處理格式改善經營效率落實監控程式，以改善管理效益及把風險降至最低」。

2015／16年的年報提到：「剔除表現較弱的產品以讓出空間予具較高效的新品」、「集中加快新品的推出時間，以及改善產品的陳列、種類及定價」、「實施更謹慎的開店策略及重整我們的店舖網絡，從而提高銷售和成本效益」、「將更多的重點投向發展電子商貿，並開始整合線上線下業務(O2O)以加強競爭力」。

從以上的段落，再對比之前管理層對股東作出的承諾，就看得出公司信守他所說的說話，執行力高，目標清晰，達不達標一目了然，這就是一份良好的主席報告書的良好示範！

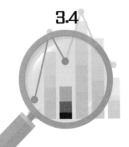

3.4

主線：
管理層討論與分析

跟看推理小說的整個故事主線一樣，「管理層討論與分析」就是整本年報的故事主線。這部分會向投資者陳述於報告期內公司經營情況、財務狀況、投資情況等資訊，是「主席報告書」的延伸。如果讀者只想看年報的精粹，除了3張會計報表這3條主要線索線外，屬主線的「管理層討論與分析」也必須閱讀吧（否則你看這本小說幹甚麼？）！

這部分是以管理層／大股東的角度（而非以會計師角度）所呈現的數字去檢討公司情況，告訴投資者他們所關注的地方、公司經營情況的財務狀況等。可是，謹記不能盡信當中的內容，因為公司存在目的是要為股東賺錢，而管理層就是股東的代理人去幫公司賺錢，而通常他們的報酬也會根據業績和公司的營運情況掛勾，有時大股東更是管理層本身，也有可能會依照他們自己的利益要求，去「描述」公司的經營情況和前景。

因此，我們要靠作為線索的3張會計報表，去檢視公司管理層／大股東的說話，還要了解公司所處的產業以及它本身的經營業績，再與過去幾年的年報對比看看，觀察這一部分的討論有沒有微妙的變化，甚至要與同業比較，確保內容沒有錯誤、誤導或者美化事實。

以下，小薯就抽取不同的例子去解構「管理層討論與分析」的內容吧！

行業表現回顧、公司營運情況

圖3—5金沙管理層討論與分析

行業

根據博監局每月公佈的澳門政府統計數據，二零一七年的全年博彩收益為33,200,000,000美元，較二零一六年增加19.1%。澳門博彩收益總額於二零一六年八月開始錄得按年增長，並繼續為全球最大博彩市場，且為中國境內唯一提供合法娛樂場博彩的市場。

我們預期澳門將繼續錄得顯著的長期增長，而於二零一七年到訪澳門的32,600,000訪客人次將繼續與日俱增。我們相信此增長將由不同因素帶動，包括中國居民遷移至中國城市中心、中國出境旅遊市場持續增長、現有運輸基建的使用率提高、引進新運輸基建以及澳門及鄰近橫琴島的酒店客房數目持續增加。根據澳門已宣佈的計劃，承批人及獲特批給人投資於已宣佈將於二零一八年餘下時間至二零二零年間開幕的路氹新度假村發展項目的資金預期將約為7,000,000,000美元。此等新項目將合共增設約3,400間酒店客房，同時亦會增加其他非博彩場地及博彩空間。此等新度假村應有助路氹提升自立發展，並進一步帶動澳門轉型為領先亞洲的商務及休閒旅遊樞紐。

我們相信於澳門發展額外綜合度假村產品亦將帶動博彩產品的需求上升。桌面博彩為亞洲的主要博彩方式，其中百家樂為最受歡迎的博彩遊戲。過往，貴賓百家樂佔澳門產生的大部份博彩收益。然而，於二零一七年，由於路氹的中場博彩及角子機產品更多元化，故中場博彩及角子機分部佔市場收益43.3%。我們預期此趨勢將會持續，因此我們計劃引入更多現代化及受歡迎的產品以迎合此不斷增長的客戶分部。此外，我們持續完善優質的博彩產品組合，讓我們在整體澳門博彩市場所有客戶分部中均佔有重要的市場份額。

資料來源：金沙2017年年報

通常，「管理層討論與分析」會以行業或大環境的過去表現作為切入點。例如金沙（1928）在2017年年報內就點出2017年的全年博彩收益及旅客人數有所上升。既然行業和帶動行業增長的因素正面，投資者就應該會有一個合理期望，金沙在2017年應該做得不錯。

圖3—6 福壽園管理層討論與分析

業務評論

本年度內，本集團一如既往地鞏固及發掘我們的品牌價值、對現有墓園的景觀及文化建設進行了持續的投入、努力提升服務質量及積極創新服務和產品，我們精心打造的優美墓園以及竭力提供的個性化服務繼續得到了客戶的廣泛認可。本年度內，本集團從業務結構、產品服務、銷售渠道和區域收入分佈佔比等方面，積極推進結構性優化調整，並取得了持續性進展。通過這些調整，我們優化了產業鏈佈局，從戰略高度加大了殯儀業務的擴展，殯儀服務的業務規模和收入佔比均得到提升。基於對殯葬行業發展預期，我們還加強了殯葬設施景觀設計能力，並已形成獨立業務板塊，也增強了集團各業務板塊間的協同與合作，提升了綜合競爭能力。基於墓園變公園的理念，我們持續優化產品結構，擴大生態節地產品和藝術墓的比重，壓縮傳統墓比重，提高土地利用效率。我們還加強銷售團隊和自營渠道建設，優化銷售渠道，提升了客戶消費體驗。

定增長的同時，還積極擴大上海以外地區的業務增速，從而降低對上海地區的依賴，優化了集團業務的區域結構。這些調整使我們在規模擴張的同時，更加關注各業務單元的效率、效果、效益，更有利於集團可持續發展，以及核心競爭力的提升。

資料來源：福壽園2018年年報

之後，管理層會概述於報告期的經營情況變化和分析，我們可以從概述中看到：（1）這家公司主要產品是甚麼；（2）有哪些業務板塊、有甚麼變化；及（3）公司的業務方向或業績情況、管理層對當前市場環境和未來的預計情況。

盈利數據摘要

圖3—7 銀娛管理層討論與分析

二零一八年會計變動

根據香港會計師公會指引，銀娛自二零一八年一月一日起，採用新的會計準則報告博彩營運收益。銀娛的第一個法定全年報告期為截至二零一八年十二月三十一日之十二個月期間。此財務報告準則的主要變動為把佣金和獎勵從博彩經營業務收益中扣除，因而成為博彩收益淨額。此外，銀娛給予博彩客戶的所有饋贈及優惠，將會按市場價格計算入報告中。二零一七年收益數據亦會按此重列計算，以方便與今年報告之數據作比較。

總括而言，此等會計變動影響到所報告之博彩收益減少，但經調整EBITDA利潤率及酒店和餐飲等非博彩收益卻會增加。對於經調整EBITDA和股東應佔溢利則沒有影響。

集團財務業績

二零一八年集團全年淨收益為552億元，按年上升14%，經調整EBITDA按年上升19%至169億元。股東應佔溢利為135億元，按年上升29%。「澳門銀河™」經調整EBITDA為129億元，按年上升16%。澳門星際酒店經調整EBITDA為38億元，按年上升28%。「澳門百老匯™」經調整EBITDA為3,200萬元，相比二零一七年為1,000萬元。

資料來源：銀娛2018年年報

接著，此部分通常會大體上描述公司報告期內的整體經營情況、盈利能力，如果該年度有些會計變動有機會大幅影響公司的財務表現，公司也會特別提出。投資者應當結合年報的財務報告部分，對公司財務狀況進行分析。

以上兩個部分構成了故事主線的核心，「管理層討論與分析」基本上已告訴我們過去一年公司的經營業績、主要盈利數據、公司處在甚麼樣的市場環境當中，以及公司採取了怎樣的應對措施。根據上述資料，已能大致了解公司過去一年的成績！

每項業務分析 篇幅有長有短

下一部分就是每一業務板塊的詳細分析。這一部分短的可以只得幾句，長的可以多達10版，長短取決於公司有多願意與股東溝通。因為每一版紙、每一項數據，以至每粒字其實也是成本，印刷、翻譯、數據資料等等都需要人力物力去完成。

有些公司會很願意與股東們分享公司每一個板塊的業務情況及所處市場的大環境、向股東報告他們每一個範疇和行動的評論分析，甚至他們所處行業所涉及的風險因素。作為投資者的我們，就能夠從中看到公司每一個業務板塊的詳細畫面，得到行業的一些資訊，以至了解到管理層對相關業務的經營理念和策略。

反之，有一些公司可能只是東拉西扯的說幾句，但卻沒有點到公司業務內容的核心，甚至只是拼拼湊湊幾個數據，話也懶得多說一句。

圖3─8福壽園管理層討論與分析

本年度內，我們的兼併收購工作繼續取得積極效果。二零一八年二月，集團追加收購了遼寧觀陵山藝術陵園20%的股權後現總共擁有該陵園90%的股權。二零一八年五月，集團完成了遼寧省朝陽縣龍山公益100%的股權收購和貴州天圓山80%的股權收購。天圓山項目為正安縣唯一殯葬一體化項目，建成後將主導當地市場，是我們首次將業務版圖擴展至貴州省，並為進一步發展奠定基礎。二零一八年五月，本集團還展開了對內蒙古和林格爾縣安佑陵園100%股權的收購，並於二零一八年八月完成。該項目主要服務於首府城市呼和浩特市場，為本集團在內蒙古的戰略佈局提供關鍵支點。二零一八年八月，我們完成對江西省婺源縣萬壽山陵園剩餘25%股權的收購，該墓園於交易完成後成為了本集團全資控股子公司。二零一八年七月，集團與吉林省長春市的一個墓園簽訂投資協議，收購其10%的股權。二零一八年十二月，本集團簽署協議開展對湖北省天門市天仙墓園80%股權的收購，並已於二零一九年一月完成收購，我們的業務版圖首次擴展至湖北省。

本年度內，本集團推廣殯儀生前契約並取得不俗成績。基於過去二十餘年殯葬服務的經驗，以及對各地民俗和客戶需求的理解，不斷升級完善殯儀服務內容並將之標準化為公開透明的服務合同。我們建立了福壽之家一站式長者關愛服務中心，深入小區，關愛生命，提供老齡公益、法律支持、心理援助、臨終關懷等項目，服務長者和長者家庭。我們為政府機構托底社會弱勢群體準備了人生告別公益服務的生前契約解決方案，得到極大認可和採購邀約，實現合肥、南昌、泉州所在地政府集體採購三批次383單。從銷售渠道角度，我們亦溝通養老、保險等商業機構，設計搭建了非殯葬場景下與客戶交流生前契約的對話語境的推廣邏輯。我們的網上銷售平台也於本年度內正式上線。生前契約服務提早鎖定客戶，為殯儀和墓園板帶來穩定的客戶儲備。同時我們相信，在少子老齡化的社會背景下，生前契約服務將吸引更多希望及早安排自己身後事的客戶群。我們將積極探索挖掘更多生前契約的社會價值和商業價值。截至二零一八年底，集團已在十個省級區域的十五個城市銷售生前契約服務，於本年度內共簽訂2,485份合約，較二零一七年增長111.7%（二零一七年：1,174份合約）。

本年度內，我們的環保火化機取得了國家發明專利並在集團內及集團外殯儀館新安裝12組火化機（已累計在集團內安裝火化機15組、集團外安裝11組）。已經安裝並運行的火化機性能穩定、氣體排放符合環保標準。我們分別於二零一八年六月及八月贏得公開招標，向湖北省武漢市一家國營殯儀館提供八組火化機及向江西省上饒市橫峰縣一家殯儀館提供一組火化機。我們相信，火化機業務在不久的將來會為集團整體收入帶來可觀的貢獻。

資料來源：福壽園2018年年報

例如福壽園（1448）就會根據每一個業務板塊以及當期的兼併情況提供了不少資訊。金沙和Apple甚至會把管理層認為的風險因素和詳細的業務資訊呈現在股東面前。

圖3—9 金沙管理層討論與分析

本公司已識別以下內容為本集團主要風險。 閣下須審慎考慮以下所載的主要風險因素以及本年報包含的有關評估本公司的其他資料。本公司目前並不知悉或本公司目前認為並非重大的其他風險及不明朗因素或對我們的業務、財務狀況、經營業績及現金流量帶來重大不利影響。

澳門政府在未來可發出進行博彩的額外經營權。

根據澳門政府僅發出的六個博彩經營權及轉批經營權之一，本公司持有轉批經營權以在澳門營運娛樂場。自二零零二年起並無發出額外經營權或轉批經營權。倘澳門政府准許額外澳門博彩營運商，本公司將面對額外競爭，且本公司的財務狀況、經營業績及現金流量可能受重大不利影響。

本公司的業務特別容易因經濟低迷使消費者及企業的選擇性開支減少而受到影響。

消費者對酒店／娛樂場度假區、貿易展覽及會議以及本公司所提供的一類豪華設施的需求，特別容易受經濟低迷的影響，進而影響選擇性消費。消費者或企業對會議及商業旅行選擇性消費的變化受多個因素影響，如對整體經濟狀況的認知或實際經濟狀況、就業市場或房地產市場的任何疲弱、其他信貸市場混亂；能源、燃料及食品開支高企、旅行開支增加、銀行倒閉的潛在危機；消費者對可支配收益及財富的認知或實際的可支配收益及財富；擔心經濟衰退及消費者對經濟信心的變化；或對戰爭及未來恐怖主義行為的擔憂。該等因素會減少消費者及企業對本公司提供的豪華設施及商業活動的需求，因此，對定價施加額外限制並影響本公司的營運。

澳門接待旅客人數，尤其是來自中國內地的旅客人數，可能會減少或前往澳門旅行可能會中斷。

本公司貴賓及中場客戶一般來自亞洲臨近地區，譬如中國內地、香港、南韓及日本。大量博彩客戶從中國內地蒞臨本公司娛樂場，且日益增多。任何經濟增長放緩或中國有關旅遊及貨幣流通之現有限制的轉變，均可能導致從中國內地蒞臨本公司物業之訪客數目及訪客願意及能夠在本公司物業時花費的金額減少。

資料來源：金沙 2018 年年報

圖3—10 Apple 管理層討論與分析

Item 1A. Risk Factors

The following discussion of risk factors contains forward-looking statements. These risk factors may be important to understanding other statements in this Form 10-K. The following information should be read in conjunction with Part II, Item 7, "Management's Discussion and Analysis of Financial Condition and Results of Operations" and the consolidated financial statements and accompanying notes in Part II, Item 8, "Financial Statements and Supplementary Data" of this Form 10-K.

The business, financial condition and operating results of the Company can be affected by a number of factors, whether currently known or unknown, including but not limited to those described below, any one or more of which could, directly or indirectly, cause the Company's actual financial condition and operating results to vary materially from past, or from anticipated future, financial condition and operating results. Any of these factors, in whole or in part, could materially and adversely affect the Company's business, financial condition, operating results and stock price.

Because of the following factors, as well as other factors affecting the Company's financial condition and operating results, past financial performance should not be considered to be a reliable indicator of future performance, and investors should not use historical trends to anticipate results or trends in future periods.

Global and regional economic conditions could materially adversely affect the Company's business, results of operations, financial condition and growth.

資料來源：Apple 2019 年度 10-K 報告

不過，也有好像以下只是寥寥數句評論了過去一年不同地區的業務、其他資料也沒有提供的公司。究竟為甚麼中國內地有增長？公司做了甚麼？倒退的業務又是甚麼原因而停滯？公司採取了甚麼行動修補？這些資料完全欠奉。

圖3—11某GEM公司管理層討論與分析

BUSINESS REVIEW

In Year 2018, benefiting from rising consumption and ongoing population ageing in the PRC, the Group recorded an increase in its business in the PRC over last year, while its performance in markets located in other regions were less than satisfactory, including declines recorded in the Hong Kong, Taiwan and Vietnam markets. The elderly care business recently established in Taiwan has been sluggish, while business development in Vietnam has also been impacted by delays in graveyard construction.

業務回顧

於二零一八年度，受惠於中國大陸消費上升及人口持續老化，本集團於中國大陸之業務比較上年錄得增長。位於其他地區的市場表現未如理想，香港、台灣及越南市場均錄得倒退。近年於台灣設立之護老服務業務停滯，同時越南業務亦因墳園建設延誤而影響業務發展。

資料來源：某GEM上市公司2018年年報

同時，部分管理層還可能會在這部分討論企業未來的戰略，如果企業未來計劃在重大資產重組方面有重大舉措的話，也會露出一些蛛絲馬跡。

之後，就是財務上的分析，財務分析通常會從以下部分著手：

當期利潤情況

· 收入的組成和分部收入，或者以公司整體去表達；

· 成本的組成和分部成本，或者以公司整體去表達；

· 檢查利潤的指標，傳統的通常是毛利，有些特別行業會提供其他指標（如賭博公司的EBITDA、地產公司的合約銷售額等）；

· 其他費用，如行政開支、銷售開支、研發投入等開支；

· 其他收入、收益及虧損；

· 融資成本，例如利息開支、有效借貸利率；

· 所得稅開支，例如應繳稅率；和

· 本公司擁有人應佔溢利，也會包括純利率、每股基本盈利、每股攤薄盈利等資料。

以上有些是《上市條例》要求的披露，但《上市條例》沒有硬性指標要求如何披露。好的管理層會鉅細無遺呈現當年的情況，並解釋當中的變化。有些公司就只會把兩年數字放出來，用金額和百分比表達升跌，就結束了，這些公司的「管理層討論與分析」其實真的是可有可無。

當期現金流、流動資金、財務資源情況

這個部分主要論述公司當年的現金流情況，主要包括現金流量表的三項主要現金流，另外流動資金和財務資源兩部分則會說明當年公司的銀行結餘和現金等價物、短期負債和短期資產（及以流動比率表達），也會提及公司的帶息負債情況、借貸多少、所涉及的利率多少、有多少已承諾但未提取的融資額度等等，另外也會以負債比率的方式來表達資產負債的情況。

有些公司會把以上兩個部分合起一齊討論，就好像Apple，但是大部分的香港上市公司就會分開現金流和流動資金及財務資源情況兩個部分討論。

年
報
解
密
——
揭
露
公
司
價
值
真
相

圖3─12 Apple流動資金及財務資源

Liquidity and Capital Resources

The following table presents selected financial information and statistics as of and for the years ended September 28, 2019, September 29, 2018 and September 30, 2017 (in millions):

	2019	2018	2017
Cash, cash equivalents and marketable securities [1]	$ 205,898	$ 237,100	$ 268,895
Property, plant and equipment, net	$ 37,378	$ 41,304	$ 33,783
Commercial paper	$ 5,980	$ 11,964	$ 11,977
Total term debt	$ 102,067	$ 102,519	$ 103,703
Working capital	$ 57,101	$ 15,410	$ 28,792
Cash generated by operating activities	$ 69,391	$ 77,434	$ 64,225
Cash generated by/(used in) investing activities	$ 45,896	$ 16,066	$ (46,446)
Cash used in financing activities	$ (90,976)	$ (87,876)	$ (17,974)

資料來源：Apple 2019 年度 10-K 報告

圖3—13比亞迪流動資金及財務資源

流動資金及財務資源

年內，比亞迪錄得經營現金流入約人民幣6,368百萬元，而二零一六年則錄得經營現金流出約人民幣1,846百萬元。本集團期內現金流入主要是經營活動銷售商品及提供勞務收到的現金增加所致。於二零一七年十二月三十一日的總借貸包括全部銀行貸款及債券，約為人民幣56,511百萬元，而二零一六年十二月三十一日為約人民幣42,267百萬元。銀行貸款及債券的到期還款期限分佈在十三年期間，分別須於一年期內償還約人民幣45,649百萬元，於第二年期內償還約人民幣7,865百萬元，於第三至第五年期內償還約人民幣2,984百萬元以及五年以上的人民幣13百萬元。本集團擁有足夠的流動性以滿足日常流動資金管理及資本開支需求，並控制內部經營現金流量。

截至二零一七年十二月三十一日止年度，應收賬款及票據週轉期約為175天，二零一六年同約為132天，應收貿易賬款及票據週轉期增長主要因為新能源汽車業務增加，而新能源業務應收賬款信用週期較長。截至二零一七年十二月三十一日止年度存貨週轉期約為81天，二零一六年同約為76天，變化的主要原因為平均庫存的同期增幅比銷售成本的同期增幅大。

本公司於二零一七年三月十七日完成北京金融資產交易所債權融資計劃二零一七年度第一期發行工作。該債權融資計畫簡稱為「17專比亞迪ZR001」，實際掛牌總額為人民幣30億元，固定利率為4.94%，期限為2年，每3個月付息一次，不計複利，到期一次還本，最後一期利息隨本金兌付同時支付。起息日為二零一七年三月十七日，首次付息日為二零一七年六月十七日，每3個月付息一次（如遇中國法定節假日順延至下一個工作日）。

二零一五年七月十一日本公司收到中國證券監督管理委員會出具的《關於核准比亞迪股份有限公司向合格投資者公開發行公司債券的批復》（證監許可【2015】1461號），核准公司向合格投資者公開發行面值總額不超過30億元的公司債券；本公司已於二零一五年八月十四日完成第一期15億公司債「15亞迪01」發行。二零一七年六月十五日，本公司二零一七年公司債券（第一期）進行發行，發行總額為15億元，計息方式為付息式固定利率，票面利率為4.87%，每年付息一次，到期一次還本，債券存續期為5年。該債券於二零一七年七月十四日在深圳證券交易所上市。投資者有權選擇在第3個付息日（即第三年末二零二零年六月十五日）將其持有的全部或部分本年債券按票面金額回售給發行人，或放棄投資者回售選擇權而繼續持有。

資本架構

本集團財經處的職責是負責本集團的財務風險管理工作，並根據高級管理層實行批核的政策運作。於二零一七年十二月三十一日，借貸主要以人民幣結算，而其現金及現金等價物則主要以人民幣及美元持有。本集團計劃內維持適當的股本及債務組合，以確保具備有效的資本架構。於二零一七年十二月三十一日，本集團未償還貸款包括人民幣貸款及外幣貸款，且該等未償還貸款中約有68%（二零一六年：66%）按固定息率計息，而餘下部分則按浮動息率計息。

資料來源：比亞迪2017年年報

以上4大財務分析，已詳細說明公司該年度的業務運行情況，投資者可從中分析出概述中沒有的東西，繼而發現公司業務發展方向、收入、利潤、成本、費用、現金流的轉折點。

小薯一向傾向投資業務簡單單一的公司，一來業務易明，二來以上分析也比較清晰，言之有物。有些公司的業務範疇比較多，而且互不相干，加上較多的投資項目，管理層要從行業和公司層面寫一些言之有物的分析，相信也需要不少篇幅，我們分析起來也會吃力！這類業務分散、呈多元化發展的公司，好處是能分散風險，互補不足，做到好像李氏王國的跨國綜合性企業。不過，這些成功例子不多，市場上大多數公司也會陷入了多元化的陷阱，外行人投資內行事，失敗收場，所以小薯建議投資者對這類公司保持警惕。

緊接的部分未必太重要，不過也會表達出管理層對業務營運的取態：

· 外匯風險（主要討論公司的業務結算貨幣和控制外匯匯兌風險政策）

· 資本承擔（有些公司會要求參閱財務報表相關的附註，因為財務報表附註也要披露有關資訊）

· 環保及社會安全情況（通常會於另外的環境、社會及管治報告作更詳細的披露）

· 人力資源的僱用、培訓及發展

· 購買、出售或贖回股份（理論上在每個月的股份發行人的證券變動月報表也會找到）

・已抵押資產（如果公司是危危乎，就要看看有多少資產就到你手上，也能間接看到公司的借貸能力）

・股息（是很重要，但不同地方也可看到）

公司重大事項 是危或機？

以上幾個部分是分析歷史數據，以下兩個部分則具前瞻性，第一個是公司的「重大事項」，通常也是投資者特別關注的，有「機」，也有「危」，包括：

（1）或有負債（可能涉及重大訴訟仲裁事項、受監管部門處罰的情況）

圖3—14 APPLE 涉及訴訟仲裁事項

Item 3. Legal Proceedings

The Company is subject to legal proceedings and claims that have not been fully resolved and that have arisen in the ordinary course of business. Except as described in Part II, Item 8 of this Form 10-K in the Notes to Consolidated Financial Statements in Note 10, "Commitments and Contingencies" under the heading "Contingencies," in the opinion of management, there was not at least a reasonable possibility the Company may have incurred a material loss, or a material loss greater than a recorded accrual, concerning loss contingencies for asserted legal and other claims.

The outcome of litigation is inherently uncertain. If one or more legal matters were resolved against the Company in a reporting period for amounts above management's expectations, the Company's financial condition and operating results for that reporting period could be materially adversely affected. Refer to the risk factor *"The Company could be impacted by unfavorable results of legal proceedings, such as being found to have infringed on intellectual property rights"* in Part I, Item 1A of this Form 10-K under the heading "Risk Factors." The Company settled certain matters during the fourth quarter of 2019 that did not individually or in the aggregate have a material impact on the Company's financial condition or operating results.

資料來源：Apple 2019 年度 10-K 報告

（2）重大收購或出售（顯示公司收購及出售資產、兼併等事項，間接表達未來的發展路向）

圖3—15 港交所公布投資及出售權益

(C) 持有的重大投資、有關附屬公司的重大收購及出售,以及未來作重大投資或購入資本資產的計劃

集團於 2017 年 3 月 22 日簽訂協議,以代價人民幣 2,500 萬元向獨立第三方出售前海交易中心(前稱港榮貿易服務(深圳)有限公司)的 9.99% 權益。轉讓後,集團於前海交易中心的權益下降至 90.01%。於 2017 年 5 月 26 日及 2017 年 6 月 1 日,集團與該非控股權益分別進一步注資人民幣 1.35 億元及人民幣 1,500 萬元作為前海交易中心的註冊資本。

債券通有限公司(中國外匯交易中心與香港交易所成立的合資公司)於 2017 年 6 月 6 日註冊成立。於 2017 年 8 月 10 日,集團向債券通有限公司注資 1,400 萬元,獲取債券通有限公司 40% 之股權。

除本年報所披露外,集團年內沒有持有任何其他重大投資,亦沒有進行有關附屬公司的任何重大收購或出售。除本年報所披露外,於本年報日期,集團亦無任何經獲董事會批准作其他重大投資或購入資本資產的計劃。

資料來源:港交所 2017 年年報

(3) 結算日後事項(當然可能會出現影響公司未來前景的重大行動)

圖3—16 金沙報告期後事項

報告期後事項

於二零二零年一月初,中國湖北省武漢市爆發由COVID-19冠狀病毒所引致的呼吸系統疾病。於二零二零年二月四日,澳門政府宣佈於二零二零年二月五日暫停澳門的所有娛樂場業務,包括本集團的娛樂場業務。於二零二零年二月十七日,澳門政府宣佈澳門娛樂場業務於二零二零年二月二十日恢復,包括本集團的娛樂場業務。本集團的娛樂場業務於二零二零年二月二十日恢復,惟金沙城中心的娛樂場業務現預期於二零二零年二月二十七日恢復營運。我們的澳門業務(包括暫時關閉的若干酒店設施)正根據若干澳門政府為保障公眾健康落實的限制措施並按需要逐漸重新開放。若干旅遊限制現時仍然生效(其重大影響訪澳旅客的數目),例如有關前往澳門的中國個人遊計劃、港澳客輪碼頭關閉及其他對來自中國內地旅客的入境旅遊的限制。澳門特別行政區政府旅遊局披露,與二零一九年農曆新年同期相比,於二零二零年一月的農曆新年首七天,由中國內地前往澳門的訪客總數下降83%。此全球緊急衛生事項為時多久及嚴重程度以及相關的影響仍未能確定,包括未能確定旅遊及到訪持續受限制對中國以外地區潛在的廣泛影響。由於該等狀況變化不定,本集團的綜合經營業績、現金流量及財務狀況將受到重大影響,惟無法於本公告刊發時合理估計有關影響。

資料來源:金沙 2019 年初步全年業績公告

公司前景 決定投資成敗

第二個就是公司的「前景」，這部分表達了公司投資狀況及未來展望等。「前景」部分我們也要仔細研讀，管理層會在這裡告訴我們，他們對行業競爭格局和發展趨勢的認識、企業的發展戰略以及未來經營計劃。同時，我們也可以參考數年年報的「前景」部分，看看管理層的執行情況。一間公司的健康成長，有清晰貼地的戰略規劃是必要因素。管理層對公司未來發展的認識，關係著公司的興衰，而我們就是投資公司的未來，公司的未來關係著我們投資的成敗，所以「前景」這一部分不可以忽略！

圖3—17銀娛最新發展

最新發展

路氹－新里程

銀娛為長遠的發展建立獨特定位。集團繼續推展第三、四期項目並期待於日後正式公佈發展計劃內容。

橫琴

我們繼續就橫琴項目進行概念計劃。這將會讓銀娛發展一個休閒旅遊渡假城，與我們在澳門的高能量渡假城優勢互補。

國際

我們正於菲律賓長灘島研究開發優質環保生態沙灘渡假村，當有進展時我們期待公佈更多細節。

於二零一五年七月，銀娛宣佈對摩納哥公國之世界著名豪華酒店及渡假村營運商「蒙地卡羅濱海渡假酒店集團」(Société Anonyme des Bains de Mer et du Cercle des Étrangers à Monaco)作出策略性股權投資。銀娛會繼續積極物色一系列的海外發展機會，包括日本。此外，銀娛最近獲納入「日經Asia300可投資指數」，這是一個新成立的指數，涵蓋亞洲最大和發展最快的公司。銀娛亦是唯一獲納入「日經Asia300可投資指數」的澳門博彩營運商。

資料來源：銀娛 2017 年年報

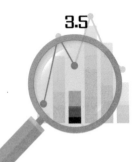

主線索一：
財務狀況表
（前稱資產負債表）

偵探會根據線索，推理出案件的結論，而讀者也會根據線索看看故事主線是否合理。公司的財務會計報告，就跟推理小說的線索一樣，核數師根據公司的財務會計報告得出他的審核意見，而讀者也要看財務報告去檢視與「管理層討論與分析」內容是否一致，有沒有錯誤、誤導或者美化事實。

因此，看年報不看財務報告，或者看不明白當中意思，那就如看推理小說，不看線索或者不了解如何從線索推論出兇手及其犯案手法一樣，相信一定「到喉不到肺」！

小薯於接下來幾個小節，就會跟大家詳細討論這些線索。

《香港會計準則第1號》（HKAS 1）對完整的財務報表有嚴格的要求，當中一定要有財務狀況表（Statement of Financial Position）、全面收益表（Statement of Comprehensive Income）、現金流量表（Statement of Cash Flows）和股東權益變動表（Statement of Changes in Equity）4張財務報表，另外還要一系列的財務附註和對應的上年度金額。讀者可能見到以下不同名稱，但只是2009年時國際會計準則委員會為了讓它的名稱更接近相關報表的資訊，所以提出修改名稱，但會計準則不強制要求企業須依新的報表名稱，所以才出現兩種不同的名稱，但實際上內容沒太大分別：

圖3─18 4張財務報表名稱

	以往名稱	現時名稱
1	資產負債表 (Balance Sheet)	財務狀況表 (Statement of Financial Position)
2	利潤表 (Income Statement) 或 損益表 (Profit and Loss Account)	全面收益表 (Statement of Comprehensive Income)
3	現金流量表 (Cash Flow Statement)	現金流量表 (Statement of Cash Flows)
4	股東權益變動表 (Statement of Shareholders' Equity)	股東權益變動表 (Statement of Changes in Equity)

讀者可能會見到每張報表有「綜合」或「合併」二字，因為上市公司通常以控股公司（母公司）持有不同的公司（子公司），所以為表現整個集團的經營情況，就把所有子公司的財務報告和母公司的財務報告加起來，變成集團的合併財務報表或綜合財務報表。不過，不管是公司的財務報表、或是集團的合併財務報表，基本比率分析不會有太大分別。

留意流動資產之質素

小薯先討論第一個主要線索──財務狀況表，財務狀況表主要是表現公司**於某一時點（通常是財政年度季結、中期結和年末的那一天）**的資產、負債和股東權益的情況，各項數字都是企業從成立以來至報表日為止的累積數值。由於它反映的是某一時點的情況，所以你如果在今天閱讀 2019 年 12 月 31 日的財務狀況表，千萬不要以為這份報表也反映該公司在你閱讀當

刻的財務狀況，因為這只是顯示公司於2019年12月31日的財務狀況。故此，投資者在分析時，必須做適當的調整以反映一些期後事項，以大約知悉今天的財務狀況。

圖3—19銀娛財務狀況表 —— 資產

	附註	二零一九年 千港元	二零一八年 千港元
資產			
非流動資產			
物業、機器及設備	15	32,736,635	31,359,096
使用權資產	16	4,950,013	–
租賃土地和土地使用權	17	–	4,921,285
無形資產	18	554,524	722,371
合營企業	19	1,836,036	1,630,959
聯營公司	20	2,238	2,252
按攤銷成本之金融資產	21	25,164,997	25,778,612
按公平值列入其他全面收益之金融資產	22	6,262,099	4,530,411
長期銀行存款	27	4,470,886	–
其他非流動資產	23	202,293	125,809
		76,179,721	69,070,795
流動資產			
存貨	24	177,834	189,799
應收賬款及預付款	25	2,145,046	1,860,409
應收合營企業款項	26	161,946	178,727
可收回稅項		40,093	35,373
按攤銷成本之金融資產之現期部分	21	2,345,444	1,543,905
現金和現金等價物和其他銀行存款	27	14,646,088	14,504,823
		19,516,451	18,313,036
總資產		95,696,172	87,383,831

資料來源：銀娛2019年年報

圖3—20 比亞迪財務狀況表 —— 資產

	附註	二零一九年 人民幣千元	二零一八年 人民幣千元 （經重列）
非流動資產			
物業、廠房及設備	14	55,296,009	49,484,582
投資物業	15	96,902	90,066
使用權資產	16(b)	7,241,013	–
預付土地租金	16(a)	–	6,277,475
商譽	17	65,914	65,914
其他無形資產	18	11,887,635	10,272,067
預付款項、其他應收賬款及其他資產	26	5,303,154	4,233,402
長期應收賬款	28	1,240,340	2,134,405
於合營公司的投資	19	3,105,145	2,793,681
於聯營公司的投資	20	955,030	767,199
以公允價值計量並計入其他綜合收益的權益投資	21	1,922,304	1,620,969
其他非流動金融資產		46,608	83,509
遞延稅項資產	38	1,514,934	1,388,314
非流動資產總值		**88,674,988**	**79,211,583**
流動資產			
存貨	23	25,571,564	26,330,345
合同資產	27	6,986,619	6,300,286
應收貿易賬款	24	40,134,545	44,240,183
應收款項融資	25	7,009,379	7,773,025
預付款項、其他應收賬款及其他資產	26	6,078,455	5,663,811
應收合營公司及聯營公司款項	45(c)	5,135,699	7,823,768
應收其他關聯方款項	45(c)	–	224,854
持作出售已竣工物業	22	3,365,916	3,950,676
衍生金融工具	32	34,345	451
已抵押存款	29	837,921	1,583,861
受限制銀行存款	29	137,865	317,177
現金及現金等價物	29	11,674,297	11,151,057
流動資產總值		**106,966,605**	**115,359,494**

資料來源：比亞迪 2019 年年報

很多財經網站也會簡列財務狀況表。先看資產，一般會依資產流動性的高低「由上而下」排列，排列方式通常為非流動資產在先，流動資產在後，而各細項，也通常會根據其流動性的高低排列。流動資產泛指公司預期（注意是預期，而不是實際）於12

個月內或其正常營業週期中可變現的資產，或意圖將其出售。非流動資產是流動資產以外、變現期超過12個月外之有形資產、無形資產及金融資產。

其實流動資產及非流動資產只是一個匯總項目，每一項也會再細分細項，如流動資產通常會有現金及現金等價物、存貨、應收款項等；非流動資產則通常會有物業、廠房及設備、遞延稅項資產等。這種細分是重要的，因為這讓我們能夠評估資產的變現程度和價值。

例如銀娛（0027）近75%的流動資產是現金，相反比亞迪（1211）有61%的流動資產是應收帳款和存貨組成，而應收帳款和存貨通常需時變現，甚至應收帳款和存貨的質素及價值可能較其帳面為低，所以銀娛的流動資產是較好！再進一步，在年報的附註內，更會列明各個細項的詳細資料，讓投資者評估每項資產的質素。

負債分流動和非流動

圖3—21 比亞迪財務狀況表 —— 負債

	附註	二零一九年 人民幣千元	二零一八年 人民幣千元 （經重列）
非流動負債			
計息銀行及其他借款	35	21,916,487	13,924,380
租賃負債	16(c)	548,680	–
遞延稅項負債	38	102,864	66,308
遞延收入	34	2,232,101	1,921,949
其他負債	37	211,094	1,395,486
非流動負債總額		25,011,226	17,308,123

流動負債		二零一九年	二零一八年
應付貿易賬款及票據	30	35,340,662	45,222,321
其他應付款項及應計費用	31	10,648,738	13,012,545
租賃負債	16(c)	219,040	-
衍生金融工具	32	34,307	8,559
預收客戶賬款		2,000	2,300
合同負債	33	4,502,139	3,469,114
遞延收入	34	-	615,367
計息銀行及其他借款	35	54,061,858	50,768,422
應付合營公司及聯營公司款項	45(c)	1,025,545	1,308,349
應付關聯方款項	45(c)	110,857	79,286
應付其他稅項		259,607	228,085
撥備	36	1,824,194	1,854,627
流動負債總額		108,028,947	116,568,975

資料來源：比亞迪2019年年報

負債跟資產一樣，也會分為流動負債及非流動負債，同樣也是以12個月為分界線，也會根據流動性、還款時期表排列出來。同時，每一項負債在年報內也會有對應的附註，列出每個細項的詳細資料。因為解讀方法與資產差不多，小薯在這裡就不贅述了！

圖3—22 銀娛財務狀況表 —— 權益

	附註	二零一九年 千港元	二零一八年 千港元
權益			
股本及股份獎勵計劃所持股份	28	22,433,668	22,016,854
儲備	30	51,153,725	40,263,405
本公司持有人應佔權益		73,587,393	62,280,259
非控制性權益		567,486	550,941
總權益		74,154,879	62,831,200

資料來源：銀娛2019年年報

少數股東權益 ≠ 散戶權益

財務狀況表的最後一部分就是股東權益（或稱所有者權益），大致會有股東的投入股本（Share Capital）、資本公積（Capital Reserve）、盈餘公積（Surplus Reserve）、未分配利潤（Retained Earnings）（即是過往累積下來而又未分給股東的利潤）等項目分項列示。這些合起來就是投資者（包括大股東和我們這些小股東）合資打本給公司做生意的資金了！大家有些時候會看到「少數股東權益」，大家不要誤會「少數股東」是指我們小投資者，而是指除公司旗下的某些子公司內，不是屬於公司，而是屬其他投資者的權益，亦即是表示其他投資者在子公司的所有者權益中所擁有的份額（小薯會在稍後章節詳加解釋）。

最後，不管公司如何排列它的財務狀況表，必須有一個原則，就是「**資產＝負債＋所有者權益**」或「**資產－負債＝所有者權益**」，這是會計的不變等式！

使用財務指標評估分析

說到這裡，究竟財務狀況表對投資者帶來甚麼示？財務狀況表主要的用處包括以下幾項：

(1) 了解到公司在某一日期資產和負債的總額及其結構，資產的流動性、未來公司需要用多少資產清償債務以及清償時間

(2) 揭示公司的資金來源，是由舉債得來、抑或是股東投入資金，即是公司的財務結構。我們可以通過下列財務指標去評估公司的財務結構是否健康，例如：

· 淨資產比率＝股東權益總額／總資產

· 帶息負債比率＝帶息負債／（帶息負債＋股東權益）

· 股本負債比率＝帶息負債／股東權益

(3) 評估公司的流動性，同樣也可以通過一些財務指標去評估，例如：

· 流動比率＝流動資產／流動負債

· 速動比率＝（流動資產－存貨）／流動負債

這些比率看似簡單，但卻可以表明公司的變現能力、償債能力和資金周轉能力，讓我們知道公司是否有財務危機、資不抵債，或者空有資產卻沒有足夠的現金去清還債務，而有機會被債權人清盤！

> 你可以在港交所網站「披露易」查閱所有上市公司公布的年報，及其他公告。
> https://www.hkexnews.hk/index_c.htm

3.6

主線索二：
全面收益表
（前稱損益表）

圖 3—23 新鴻基地產全面收益表

	說明	2019	2018
❶ 收入	6(a)	**85,302**	85,644
❷ 銷售成本		**(40,455)**	(43,752)
毛利		**44,847**	41,892
其他淨收益		**740**	1,156
❸ 銷售及推銷費用		**(4,791)**	(4,937)
行政費用		**(2,938)**	(2,658)
未計入投資物業之公平價值變動的營業溢利	6(a)	**37,858**	35,453
投資物業之公平價值增加		**12,535**	15,772
已計入投資物業之公平價值變動的營業溢利		**50,393**	51,225
財務支出		**(2,446)**	(1,985)
財務收入		**395**	368
❸ 淨財務支出	8	**(2,051)**	(1,617)
所佔業績(已包括扣除遞延稅項後之投資物業			
公平價值增加港幣二十二億三千萬元			
(二〇一八年：港幣六十億八千一百萬元))：			
聯營公司		**445**	612
合營企業		**5,696**	9,136
	6(a) & 14(b)	**6,141**	9,748
稅前溢利	9	**54,483**	59,356
稅項	12	**(8,474)**	(8,402)
❹ 本年度溢利	6(a)	**46,009**	50,954
應佔：			
公司股東		**44,912**	49,951
永久資本證券持有人		**171**	174
非控股權益		**926**	829
		46,009	50,954

資料來源：新鴻基地產 2018/19 年年報

另一主要線索是全面收益表，此表其實分為兩個部分，一部分就是收益表，即是我們平常說的損益表，另一部分就是其他收益表。一間公司存在的目的就是為了賺錢，而投資者就是從公司不斷賺錢而獲取回報，損益表就表現公司如何賺錢和賺了多少錢，所以小薯奉勸一句：先看懂收益表，才開始投資吧。

損益表基本上是分為4個主要部分，❶營業收入；❷營業成本；❸毛利之後的經營支出、稅金和利息支出和❹淨利潤。淨利潤之下還有一項一其他綜合損益及綜合損益總額，整套加起來就是「全面收益表」。

小薯不打算逐項詳細解釋，因為坊間也有不少書逐項教授（如果各位讀者有興趣，不妨向出版社反映一下，反應熱烈的話，小薯可能考慮出類似的文章或書本），反而想重點向大家解釋不同利潤的意思，始終投資者最著重看的，就是一間公司的盈利能力。

毛利增長 靠「護城河」

第一項是毛利。毛利是「營業收入」減去「營業成本」的利潤，即是一間公司主營業務得來的利潤。我們看毛利基本上就等於看到了成本，看毛利率（＝毛利／收入）就等於看成本率。一間公司最好能夠維持穩定甚至上升的毛利率。

既然毛利是「營業收入」減去「營業成本」,要穩定毛利率,當然就只能從營業收入和成本兩方面著手。第一個做法就是公司對價格有操控的能力,在成本上漲的時候,公司能夠調整價格而不失去市場,保持著毛利率,這是最好的局面!世界上最出名的價格操控組織就是OPEC(石油輸出國組織),OPEC長期也是通過產量來控制油價。而做到控制價格,基本上有3個方法:(1)做獨市生意,沒有人能夠取代你,例如中電(0002)、港燈(2638);(2)品牌,價格即使有多高,依然有人會向公司購買貨品,LV等奢侈品就是一例;和(3)不斷推出新產品,用新產品維持高價格,Apple就是一例,能否做到這一點就取決於公司的研發能力和成本控制能力。

如果做不到控制價格，就只能減低成本，減低成本基本上是通過（1）經濟效益，通過大產量來減低原料和生產成本；和（2）研發改善流程，減低不必要的損耗，但是這種方法是不能長久維持的，因為成本總會減到一個減無可減的位置。當公司出現毛利率下降，就要了解變動是短期、還是長期，從而評估公司在營運上有沒有變質。因為即使是1%，若以新地2018／19年達$853億港元的收入計，毛利就少$8億港元，不能說是小數目。

看到這裡，這些方法是否有些耳熟？其實就是上一章提及的「護城河」理論。

分析利潤來源 毛利佔比愈多愈好

第二個項目就是淨利潤。毛利減掉所有營運支出（如行政費用、銷售費用）、利息支出和稅金後，就可以得出淨利潤。了解淨利潤的組成部分，就可以判斷公司的主營業務是否具有競爭力，或者是否專注在主營業務。

一間優質公司，其利潤最好就是從主營業務賺取得來，如果利潤是由一些非營業的收入而來，此部分收入來源不能長久，例如某個年度業績不好，就把一些固定資產或者公司出售來賺取利潤，賣得一年，還有第二年嗎？所以，如果公司大部分的利潤由毛利而來，那就是質素好的利潤，評估方法就是對比純利

率（＝淨利潤／收入）和毛利率，這兩個數的差額其實就是營運支出比率，如果這個差額長期處於穩定狀態，我們就可以初步判斷公司的利潤基本上是由主營業務賺取得來的。

以下是一間主板上市公司，2015年至2018年財政年度的利潤表。雖然最後是除稅前虧損，但解釋以上概念也是沒有問題的。

圖3─24　某主板公司全面收益表個案

千港元	2015年	2016年	2017年	2018年
毛利	190,386	38,303	317,747	280,263
其他收入	195,012	86,500	105,890	49,382
營運支出	(442,306)	(383,331)	(364,929)	(467,203)
財務費用	(248,068)	(200,667)	(195,856)	(216,468)
經營虧損	(304,976)	(459,195)	(137,148)	(354,026)
減值虧損	(1,099,354)	(661,657)	26,066	(690,927)
應佔聯營公司/合營公司溢利減虧損	22,180	(3,380)	–	–
出售聯營/合營公司/附屬公司收益	457,012	795,749	–	–
金融工具、投資物業之公允價值收益	319,371	8,822	77,377	57,247
出售金融資產之收益淨額	(29,742)	13,174	13,802	(4,454)
其他虧損	–	–	(43,026)	(16,911)
除稅前虧損	(635,509)	(306,487)	(62,929)	(1,009,071)

從以上財務數據，我們可以分析一下這間公司的利潤質素：

(1)2015年及2016年的其他收入竟然多於毛利，2017年也相等於毛利的33%，代表著公司的盈利來源主力不是由主營業務賺取得來；

(2)如果不是因為減值虧損，2015年及2016年肯定會出現除稅前利潤，因為出售聯營、合營公司、附屬公司分別$4.6億港元及$8億港元，足以拗轉當年的經營虧損。不過，如上文所述，把一些固定資產或者公司出售賺取利潤，賣得一年，還有第二年嗎？到2017年和2018年，已再沒有其他資產可以賣了！

(3)計及減值虧損，2015年的虧損應高達$14億港元，但最終只得$6.4億港元，除了有賴於出售資產外，還有就是高達$3.2億港元的金融工具、投資物業之公允價值收益（下文將詳細解釋），無獨有偶，當年這間公司轉了獨立評估師，真的讓投資者有無限的想象。同樣，一次性調整估值的基礎而帶來的高額公允價值收益，其實只能做得一年，第二年就不會有了，2016年的數據正好反映這個情況。

(4)單看2015年和2016年，很容易就看得出這間公司的利潤來源基本上是來自一次性的收益，非現金的公允價值收益，甚至是其他收入。算一算，2015年毛利佔利潤的來源連20%也不到，2016年更低至4%左右！

(5)當2015年和2016年可以賣的已經賣了，可以調整的又已經調整了，2017年及2018年就現形了！2018年高達$10億港元虧損，2019年核數師更出具「無法表示意見」的審計意見！

當你結合其他報表的數據，加上述的利潤分析方法，就可以大約做出小薯在2019年10月1日的全球最老牌旅行社Thomas Cook的死因分析，減少不必要的投資錯誤。

公允值、資產減值 只是帳面數字變化

最後，還有兩個項目想與大家分享，第一項是公允值變動和減值。持有出租物業的地產公司，公允值變動基本上是必然會出現的一項。根據《會計準則》第40條，所有出租物業每年必須做評估值。當評估值有所上升時，就會有公允值的增加，特別在樓市大升的時候，這個數字就會特別巨大，甚至和主營業務所賺取的利潤有得比。可以增長，當然也可以減少。

另外一項就是資產減值，根據《會計準則》第36條，公司每年都要評估非流動資產的可回收價值（大家可以簡單理解為公司能從這非流動資產所帶來多少的未來現金流），當這些非流動資產的可回收價值低於帳面價值的時候，代表公司從這些非流動資產可以得來的未來經濟利益，連帳面價值也比不上，根據會計準則就必須作出減值。當然，可以減值，當然也可以有減值回撥啦！

其實這些收入或支出只是帳面的，對公司的現金流全無影響，而且其金額主要靠管理層或管理層委任的「獨立評估師」估算，也會因市況大幅波動，甚至有不少公司就是利用這些會計制度上的不足，去粉飾利潤，而新聞也往往只是報導這些經「粉飾」後的淨利潤，一不小心，我們做了「標題黨」而差生一個「美麗的誤會」就不好了。

所以，當我們評估公司的盈利能力，很多時都會把這兩項目剔除，以找尋公司的核心利潤，就是小薯一直強調的主營業務所賺取的利潤。當然還有其他非經常性的項目，好像出售物業、應收帳撥備等等，這些都應該剔除以計算公司核心利潤，但因

為種類太多，小薯就不在這裡詳述了！有疑問的讀者，可以在小薯的BLOG留言詢問。總括來說，評估公司的利潤來源和質素，對我們評估公司的長期潛力至關重要。

EBITDA反映實際業務收益？

最後一項利潤指標，就是EBITDA，是銀行家的至愛。銀行家通常都會利用EBITDA來評估公司的利息償付能力。EBITDA的一般計算方法為稅前利潤加上利息、折舊和攤銷的總和，而投行也很喜歡容易用EBITDA這一個指標，因為EBITDA剔除了折舊和攤銷等非現金項目，能作為現金流的代理，向客戶解釋時就不用去解釋複雜的現金流量表。

大家看小薯的BLOG，可能會發現小薯經常用EBITDA來為博彩企業估值。因為博彩企業通常前期投資巨大，很多時都會通過借貸來建設賭場，投資大的相對折舊也會較大，而借貸較多的利息支出也會較多。如果採用淨利潤來為這些資本密集的公司做估值，就會被折舊和利息影響。採用EBITDA來做估值就能夠：（1）不受公司折舊攤銷影響；（2）不受公司資本結構所影響；和（3）能更純粹反映公司的實際業務收益。

不過，EBIDTA作為評估工具，其實存在幾個問題：（1）「E」所指的Earnings（利潤），其實就如上文所說，沒有質素保證，也有機會受到操控（第四章會再詳細解釋）；（2）EBITDA有

一個假設，就是假設上市公司的折舊足以用作支付利息和資本維修開支，但是某些行業是需要不斷投入資金去維修機器以維持生產設備正常營運，資本開支壓力十分沉重，隨時每年所需要的資本開支和利息支出，是遠遠多於扣減的折舊和攤銷；和（3）某些行業特性和會計處理規定，帳面的EBITDA並非真正的EBITDA，例如航空公司的有些飛機是租來的，要每年付飛機租賃公司租賃費，而這部分費用在財務報表中會包含經營費用，在EBITDA指標中已經扣除。可是，租賃費的性質就好像折舊，所以我們評估時，就應該加回租賃費，以反映真正的EBITDA。每一個行業有不同的特性，所以我們運作EBITDA是要多加留意。

EBITDA 無統一定義

最後亦是最令人困惑的，就是EBITDA是沒有一個統一指標。香港會計準則是沒有提供一個定義，連投行和公司也有他們自己的一套EBITDA，完全沒有一個清晰的定義。

博彩公司金沙（1928）的定義為：「未計以股份為基礎的補償的費用、企業開支、開業前開支、折舊及攤銷、外匯收益／（虧損）淨額、減值虧損、處置物業及設備、投資物業及無形資產的收益／（虧損）、利息、修改或提前償還債項的收益／（虧損）及所得稅利益／（開支）前的本公司權益持有人應佔利潤。」

中移動（0941）的定義則為：「為未扣除稅項、按權益法核算的投資的收益、融資成本、利息及其他收入、其他利得、折舊及其他無形資產攤銷前的本年度利潤。」

如果大行報告所提出的EBITDA定義也不盡相同的話，那投資者拿著這些大行報告的EBITDA而計算出來的估值，可以有多大的誤差，就可想而知了！

全面收益表的最後一部分為其他綜合損益和綜合損益總額。老實說，這兩項內容對評估利潤質素的意義不大，讀者大可以不用理會。因為即使有金額大的項目，也往往都是兌換差額（因匯率差異而造成的帳面數字變動）和金融工具未實現的公允值變動，兩項基本上也是非現金項目，對評估公司的利潤質素毫無意義。除非是銀行或者以投資為本的公司，否則小薯認為讀者基本上可以略過這部分。

主線索三：
現金流量表

大部分投資者分析一間公司，第一樣會先看利潤，因為計算股價是否便宜時，都會看市盈率，而市盈率就是源於利潤；也因為利潤能反映公司有沒有增長潛力，讓投資者評估公司是否有長期的投資價值。

從小薯的角度，利潤當然重要，但更重要的，反而是現金流，而這就要細看主線索三—現金流量表。

現金流為王

試想想，A公司有$10億元利潤，卻是現金淨流出$5億元。B公司只得$5億元利潤，但是現金淨流入$3億元。作為投資者，你會認為那一間公司更值得投資？

小薯會傾向投資B公司，正因為現金流之故！縱使A公司有豐厚利潤，但從業務中卻收不回現金，可能是因為應收或應付帳的數期錯配，又可能是以賒帳銷售增加銷量／利潤，但客戶的信貸質素奇差，收不回現金。久而久之，當公司現金不夠，股

東又不能提供支援，便需要舉債應付日常營運資金，債務引伸出利息支出，變相減少公司的可用現金，惡性循環，最後只有清盤一路。

反之，B公司雖然只得$5億元利潤，但是現金淨流入$3億元，證明業務優質，能自給自足之餘，更有現金減輕負債或作額外投資。減輕負債意味著公司風險系數下降，而額外投資則意味著公司有增長機會，對股東是一件好事。

上述兩個例子，雖然是極端了一點，但不時在現實世界發生，不少初創企業都是因為資金問題而倒閉，也久不久也聽聞一些內房企業因資金鏈斷裂而要白武士打救，最近較出名的，就是樂視因資金出現問題，連股權也要賣走。所以，市場有「現金流為王」、「Cash flow is King」的說法。

要了解公司的現金狀況，就是要看現金流量表。現金流量表是一份顯示於指定時期（一般為半年或一年）的現金流入和流出的財務報表。這份報告顯示財務狀況表及綜合損益表如何影響現金和等同現金（cash and cash equivalents）。通過分析現金流量表，我們就可以了解公司現金的來源和現金收支結構，再以此評估企業經營狀況、籌募資金的能力和資金實力。通常一份現金流量表會將公司的活動，分為經營活動的現金流量、投資活動的現金流量和融資活動的現金流量。

經營活動的現金流量

圖3—25領展綜合現金流量表

27 綜合現金流量表附註

(a) 營運活動所得之現金淨額

	2019年 百萬港元	2018年 百萬港元
扣除稅項及與基金單位持有人交易前溢利	21,801	49,399
長期獎勵計劃之獎勵	174	126
折舊開支	22	20
出售投資物業之收益	(2,761)	(7,306)
利息收入	(85)	(19)
財務成本	598	665
匯兌差異	(49)	56
投資物業公平值變動	(12,269)	(35,493)
應收貿易賬款及其他應收款項、按金及預付款項增加	(90)	(168)
應付貿易賬款、預收款項及應計項目減少	(296)	(51)
保證金增加	8	169
已付2007年長期獎勵計劃款項	(10)	(9)
已付所得稅	(1,102)	(904)
營運活動所得之現金淨額	5,941	6,485

資料來源：領展 2018/19 年年報

經營活動的現金流量對於一家公司最為重要，因為這一項是反映公司正常的營運而產生出來的現金流。現金流入主要是銷售公司的產品及收取顧客而來的款項，而現金流出則主要是付供應商帳款、支付費用等。在分析經營活動的現金流量時，最好與綜合損益表一同分析。基於會計制度要求收入與費用是「應該發生」來確認（簡單來說，就是當交易發生那一刻，就需要記錄收入和費用，即使未收到/付出相關現金，所以才會有應收款和應付款），而不是按實際收到或付出現金來確認，故綜合損益表的利潤往往與公司的真實現金財務狀況不同。有的公司帳面利潤很高，現金卻入不敷支。早些年有內房企業曾傳出資金鏈斷裂，但卻有可觀利潤，但有些公司有巨額虧損，卻現金充足。

宜結合綜合損益表分析

當我們分析公司的營運情況時，我們可以從以下幾個方向分析：

（1）比較主營業務收入（或營業額）與營業得來的現金，可以了解公司銷售主要是以賒帳形式或現金形式進行。如果是現金銷售佔比較多，代表公司將貨品變成現金的速度較多，信貸風險也愈低。

銷售而來的現金＝營業額＋（年初應收帳款餘額−年末應收帳款餘額）

以上述領展（0823）年報為例子：

收益＝$10,037百萬港元

銷售而來的現金＝$（10,037 - 90）百萬港元＝$9,947百萬港元

比率＝$（9,947／10,037）百萬港元＝99%

意味領展的收益近100%都是以現金回來，這符合領展的放租業務形式。

*小薯這裡用「應收貿易帳款及其他應收款項、按金及預付款項變動」作為應收帳款餘額變動的金額，這是一個較快速的方法，但不一定準確，因為這金額包含「按金及預付款項變動」，最好是找應收帳款的附註，再把兩年相比得出，但這個比率作為大致上的營運情況評估數據，小薯以上取數方法也足夠。

（2）比較淨利潤與經營活動現金淨流量，可以了解公司每一元的帳面利潤中，有多少是以現金收回，比率愈高，利潤質素愈

高。在比較時，要先將投資收益（如股息收入）和籌資費用（如利息支出）由淨利潤剔除，這樣才能與經營活動的現金流量有可比性。

在領展的例子，我們知道其利潤包括投資物業公平值變動及出售投資物業之收益，小薯會先扣掉這兩部分以得出實際經營利潤，再作分析（因為這兩項非經常性非營運利潤會影響領展整體分析而特別剔除，分析其他公司時可以不用剔除），所以$5,941／（21,801－12,269－2,761）百萬港元＝87%，所以領展淨利潤有87%是現金，是一個很好的比例。

（3）將本期經營活動現金淨流量與上期比較，增長率愈高，說明公司營運愈健康，也有較好的增長。就領展作例，如果讀者看領展過去5年的數據，就會發現領展經營活動現金淨流量呈上升趨勢，可以證明領展營運得不錯。

投資活動的現金流量

圖3—26領展投資活動的現金流量

	附註	2019年 百萬港元	2018年 百萬港元
營運活動			
營運活動所得之現金淨額	27(a)	5,941	6,485
投資活動			
收購業務	28	(7,085)	(4,496)
出售投資物業所得款項	15(f)	12,010	22,988
添置投資物業		(2,623)	(1,996)
添置物業、器材及設備		(49)	(39)
已收利息收入		92	7
原有到期日超過三個月之銀行存款減少／（增加）		4,430	(8,375)
來自投資活動之現金淨額		6,775	8,087

資料來源：領展 2018/19 年報

投資活動的現金流量，主要是反映公司購買固定資產的支出，以及變賣固定資產的收入，或進行投資行為的現金收入（如股息收入）或現金支出（如購買股票或收購公司），主要是資本性的現金流。

此現金流通常是負數，因投資活動通常是為了擴大公司規模或收購新的增長點，金額也通常較大。投資活動的現金流量錄得負數未必是壞事，因為這些現金流出是為將來創造更多利潤（當然，前提是該投資是有價值的）。因此，分析投資活動的現金流量時，應該與公司所處的行業、公司的發展潛力及現時的投資項目一同分析。這些資料可以在年報中的其他章節（如管理層分析）及財務報表的附註找到。

融資活動的現金流量

圖3—27 豐樹產業融資活動的現金流量

Cash flows from financing activities		
Loan proceeds from financial institutions and TMK bonds	22,124,076	11,246,425
Repayment of loans from financial institutions	(16,514,245)	(7,937,676)
Proceeds from issuance of medium term notes	977,063	520,000
Repayment of medium term notes	(575,000)	(90,000)
Loan proceeds from non-controlling interests	10,803	43,897
Repayment of loans from non-controlling interests	(115,882)	(22,118)
Repayment of finance lease liabilities	(1,531)	(1,814)
Proceeds from issuance of perpetual securities, net of transaction costs	–	872,641
Perpetual securities redemption	–	(950,000)
Perpetual securities distribution paid	(72,795)	(80,504)
Net capital contribution from non-controlling interests	1,811,625	669,811
Net (outflow)/inflow from dilution of interest in subsidiaries to a non-controlling interest	(1,461)	3,381
Cash dividend paid to non-controlling interests	(704,258)	(570,254)
Dividends paid	(215,900)	(210,800)
Interest paid	(618,238)	(341,210)
Financing fees paid	(70,570)	(10,798)
Increase in restricted cash	(25,416)	
Net cash generated from financing activities	**6,008,271**	**3,140,981**

資料來源：豐樹產業 2018 年年報

融資活動的現金流量主要為借貸及償還貸款、股東投入新資金、支付利息及股息的現金流。一般來說，融資活動的現金淨流入愈多，意味著：

（1）如果現金流入是由借貸而來，也有很多來源，例如銀行、票據、債券、永續債、財務租賃等（左圖❶）。借貸愈多，即將來的利息支出（左圖❹）愈多，償債壓力也愈大；

（2）如果現金流入是由股東（包括旗下公司非控股股東）投入資金而來（左圖❷【為非控股股東注資】），表示公司有配股／供股／發新股等行為，此資金不會有償債壓力，更可以加強公司的財政實力，流動性風險減低。可是，這也表示投資者所佔的利潤可能會被攤薄；和

（3）股息的現金流也會這裡列出（左圖❸）。

除了以上3項現金流，我們作為分析師，也會分析另外兩項現金流，一是公司自由現金流量（Free Cash Flow to Firm），二是股權自由現金流量（Free Cash Flow to Equity）。

公司自由現金流量

小薯用置富產業信託（0778）為例子，其2018年中期報告內的簡明綜合現金流量表如下（中期報告的現金流量表的披露要求較年報的簡單）：

圖3—28 置富自由現金流量

	截至6月30日止六個月	
	2018年 千港元 （未經審核）	2017年 千港元 （未經審核）
經營活動所得現金淨額	713,394	710,318
投資活動所得／（所用）現金淨額：		
投資物業的提升	(15,489)	(35,047)
出售一間物業公司所得款項	1,985,005	–
其他投資現金流	3,303	344
	1,972,819	(34,703)
融資活動所用現金淨額：		
新增借貸	–	1,570,000
償還借貸	(1,500,000)	(1,696,300)
已付分派	(483,731)	(465,070)
支付借貸手續費用	–	(12,000)
已付融資成本	(121,190)	(115,790)
	(2,104,921)	(719,160)
現金及現金等值物增加／（減少）淨額	581,292	(43,545)
期初現金及現金等值物	516,036	585,217
期末現金及現金等值物，指銀行結餘及現金	1,097,328	541,672

資料來源：置富產業信託2018年中期報告

我們可以從公司維持現有營運狀況的角度想：公司從營運得到現金流量之後，就要付稅給政府。公司營運中，總會有一定的生財工具損耗，所以公司要付出資本開支，維修或重置生財工具以維持目前營運；另外，根據經濟情況，如通脹，可能要追加一些營運資本（例如購買貨物等），才能得以維持目前營運。最後，公司可以用剩餘的資金做任何事，例如收購擴充、發放股息、支付利息、清償貸款，或者保留下來以作不時之需。所以，公司自由現金流量，就是指公司可自由運用的現金流，即是扣減一些必須支付的現金流後，公司剩餘能夠自行分配使用的現金。根據以上理解，我們就可以得出以下公式：

公司自由現金流量 ＝（稅前淨利潤＋利息支出*＋非現金支出）－ 營運資本追加－稅金－資本支出

*加利息支出是因為公司即使不付利息，依然可以維持現有營運狀況。

「稅前淨利潤＋利息支出＋非現金支出」就是得出公司從營運得到現金流量，而「（稅前淨利潤＋利息支出＋非現金支出）－ 營運資本追加 – 稅金」實際上就是經營活動的現金流量。

所以，以上公式可以簡化為：

公司自由現金流量＝經營活動的現金流量－資本支出

資本支出的數字，理論上是為維持公司目前營運狀況的資本支出，如更換機器等。因此，這個數字理論上不等於投資活動的現金流量金額（因為投資活動也包括購買股票、收購公司等行為）。因此，作為外部的分析師，可能需要依據過往購買固定資產的支出，或財務報表附註中的「資本承擔」作估算。小薯通常會直接地把「購買固定資產的支出」一項作為資本支出處理。

以置富作例子，就是 $（713,394 - 15,489）千港元 = \$6.98億港元。

當我們見到公司自由現金流量每年增長，意味公司的營運愈來愈好，之前年度的投資見成效。相反當公司自由現金流量逐年下跌，甚至不足時，輕則喪失投資機會，嚴重則舉債營運，出現上文 A 公司的情況。

股權自由現金流量

股權自由現金流量則是公司支付所有費用、資本支出、付清利息，償清債務（或新舉債）後，還有多少現金可以支付股東（即是股息或回購）。心水清的讀者，就會知道股權自由現金流量與公司自由現金流量的分別，就是與債務相聯繫的現金流量。根據以上理解，我們就可以得出以下公式：

股權自由現金流量＝公司自由現金流量−利息支出−償還債務本金＋新借債務本金

以置富作例子，就是 $（697,905 - 121,190 - 1,500,000）千港元＝ -\$9.23億港元（註：讀者看到負數時，不要簡單以為不好，要稍加分析。置富過往年度借貸買入資產，現在資產升值，以\$19.85億港元賣出，收回來的錢把借貸還掉，其實從整體看，對股東有好處）。

進一步來說，公司自由現金流量是股東及債權人可分到的現金流，而股權自由現金流量就是真真正正屬於股東的現金流，可以用來派股息或回購，或者再投資。

另外，心水清的讀者會看到小薯用的兩個例子都是房託。因為房託根據《房地產基金守則》規定，分派率最少要九成，而領展和置富的分派率過去5年都是100%或以上。無獨有偶，兩間公司的股權自由現金流量剛好又跟分派金額相若，甚至多於分派金額（大家可以嘗試自己計計），所以小薯評估房託的派息持續性時，通常會以股權自由現金流量（還會稍微調整以附合公司情況）為切入點。

3.8
副線索：
財務報表附註

推理小說的線索有一個特點，就是先有一條主線索（例如密室犯案手法的漏洞），再會配上一些證據和兇手不小心留下的副線索，偵探就會找出這些主線索、證據和副線索，從而尋獲兇手破案。

3張報表既然是主線索，財務報表的附註就是「證據和兇手不小心留下的副線索」。雖然不看附註，不是不行，但不看就會漏掉很多東西，所以小薯也會把附註列為必看項目。顧名思義，財務報表附註就是財務報表的一份附註，目標是解釋財務報表上的某些項目，讓讀者更了解3張報表的內容。這個部分其實有很多艱澀的披露信息，即使有一定會計基礎的人士也未必完全明白，更遑論較少、甚至完全沒有會計知識的小投資者（如果連小投資者也明白，那專業會計師就無用武之地了！）。故此，小薯認為讀者未必需要花時間去理解所有附註，不過，還有幾個附註是小薯覺得大家必須知道的。

1. 收入：了解主業收入來源

圖3—29 Apple 收入來源分類

Net sales disaggregated by significant products and services for 2019, 2018 and 2017 were as follows (in millions):

	2019	2018	2017
iPhone[1]	$ 142,381	$ 164,888	$ 139,337
Mac[1]	25,740	25,198	25,569
iPad[1]	21,280	18,380	18,802
Wearables, Home and Accessories [1][2]	24,482	17,381	12,826
Services [3]	46,291	39,748	32,700
Total net sales [4]	$ 260,174	$ 265,595	$ 229,234

資料來源：Apple 2019 年度 10-K 報告

首先，就是「收入」。這個附註能夠告訴我們公司的主營業務
收入來源。從圖3—29看得到，Apple逾半的收入都是由銷售
iPhone而來！

2. 分部資料：綜合企業必看

圖 3—30 比亞迪股份經營分部資料

截至二零一七年十二月 三十一日止年度	二次充電 電池及 光伏業務 人民幣千元	手機部件及 組裝服務 人民幣千元	汽車及 相關產品 人民幣千元	企業及 其他 人民幣千元	合計 人民幣千元
分部收入					
向外界客戶銷售	8,442,131	39,707,908	54,500,575	–	102,650,614
各分部間的銷售	9,358,166	1,118,762	1,191,317	–	11,668,245
其他（包括來自銷售物業、 原材料及出售廢料的					
其他總收入）	270,890	595,945	1,018,385	49,391	1,934,611
稅金及附加費	53,600	169,367	1,105,381	1,129	1,329,477
	18,124,787	41,591,982	57,815,658	50,520	117,582,947
對賬：					
各分部間的銷售撇銷					(11,668,245)
其他總收入撇銷					(1,934,611)
稅金及附加費撇銷					(1,329,477)
收入 — 向外界客戶銷售					102,650,614
分部業績	1,152,553	3,141,410	3,479,743	6,136	7,779,842
對賬：					
各分部間的業績撇銷					(366,788)
利息收入					95,783
股息收入及未分配收益					1,427,874
企業及其他未分配開支					(973,300)
融資成本					(2,342,770)
除稅前溢利					5,620,641

資料來源：比亞迪股份 2017 年年報

第二是「分部資料」。這個部分就讓我們了解到公司每一項業務的盈利情況，哪項業務較賺錢，哪項業務正在走下坡。尤其對於綜合企業或者多過一項業務的公司，這部分的資料特別重要。從圖 3—30 看到，雖然比亞迪（1211）打造自己成為新能

源汽車龍頭，但公司有近一半的收入和利潤都是由「手機部件及組裝服務」業務而來，而相關業務的利潤率更比「汽車及相關產品」業務為高！

3. 除稅前溢利：評估營運效率

圖3—31 金界除稅前溢利

除稅前溢利

除稅前溢利已扣除╱（計入）下列各項：

	二零一八年 千元	二零一七年 千元
(a) 員工成本（包括董事酬金）：		
薪金、工資及其他福利	92,374	93,092
界定供款退休金計劃供款#	45	49
員工成本總額*	92,419	93,141
(b) 其他項目：		
核數師酬金		
─ 本年	959	781
─ 過往年度超額撥備	(8)	(7)
賭場牌照溢價攤銷*	3,547	3,547
折舊及攤銷*	89,433	52,869
匯兌虧損*	189	608
貿易應收款項減值虧損	2,200	1,025
物業、機器及設備撇銷	1,003	1
出售物業、機器及設備之收益	(5)	(13)
土地租賃租金之經營租賃開支	2,629	1,386
辦公室及停車場租金之經營租賃開支	5,135	1,824
設備租用之經營租賃開支	4,214	5,297

資料來源：金界控股 2018 年年報

接著就是「除稅前溢利」或主要開支相關的附註。這些附註披露了公司的一些主要支出，和非營業收入的主要項目，是用來評估公司的盈利質素和營運效率的重要資訊。金界（3918）2018年總開支是$11億美元，從圖3—31看，人工佔了8.6%，折舊則佔了8.3%。我們就可以用這些資料與同業比較，或與公司過往年度的比率比較，看看有沒有奇怪的東西，或營運效率有沒有提升。

4. 應收帳款：留意帳齡、撥備減值

圖3—32比亞迪應收帳款

於報告期末，按發票日期及扣除撥備後的應收貿易賬款及票據的賬齡分析如下：

	二零一七年 人民幣千元	二零一六年 人民幣千元
三個月內	22,874,693	21,630,073
四至六個月	8,081,877	9,066,113
七個月至一年	9,129,260	8,588,520
一年以上	13,190,886	6,448,179
	53,276,716	45,732,885

上述應收貿易賬款含新能源汽車政府補貼款。

應收貿易賬款及票據減值撥備的變動載列如下：

	二零一七年 人民幣千元	二零一六年 人民幣千元
於一月一日	505,556	486,100
確認的減值虧損	85,384	124,083
撥回的減值虧損（附註6）	(76,563)	(86,108)
沖銷無法收回的應收賬款	(20,325)	(18,636)
外匯調整	206	117
於十二月三十一日	494,258	505,556

資料來源：比亞迪2017年年報

第四就是「應收帳款」，對於應收帳款較多的公司，此項附註顯得特別重要，就能夠令我們了解公司的應收帳款的帳齡（客戶的平均欠款期），以及公司回收應收帳款的能力。從圖3—32看到，比亞迪有近25%是1年帳齡以上，3個月以上有近57%。應收貿易帳款撥備減值為$5億元人民幣，雖然相對$533億元人民幣的應收帳款和$1,027億元人民幣的收入，比例不算高。不過，如帳齡和撥備減值有上升趨勢，就要值得留意。

5. 借貸相關附註：知悉債務情況

圖 3—33 Walt Disney Company 借貸相關附註

Total borrowings, excluding market value adjustments and debt issuance premiums, discounts and costs, have the following scheduled maturities:

	Before Asia Theme Parks Consolidation	Asia Theme Parks	Total
2019	$ 3,763	$ 39	$ 3,802
2020	3,000	—	3,000
2021	2,106	—	2,106
2022	1,900	10	1,910
2023	1,000	36	1,036
Thereafter	8,385	1,060	9,445
	$ 20,154	$ 1,145	$ 21,299

資料來源：The Walt Disney Company 2018 年度 10–K 報告

第五就是借貸相關的附註，這個附註讓我們了解到公司的借貸情況、種類、利率、還款年期，究竟是長債多，還是短債多。

以上是小薯較看重的一些附註，但不代表其他附註不重要。如果讀者們在閱讀 3 張報表的時候，發現有些項目的金額特別大，不妨翻去後頁，看一看相關的附註，了解一下那些項目究竟是甚麼。

3.9 人物設定：董事及高層之履歷

推理小說是由偵探、兇手、死者和配角互動而組成的一個故事。了解人物設定，對了解故事推進有畫龍點睛的作用。年報既然是敘述當年度的業務情況（當年度的故事），帶出這個故事的就是公司的董事及高級管理層，如果能對這班人的設定有所理解，我們肯定更能了解公司故事發展。

小股東很少會直接參與公司的管理，通常小股東會在年度股東大會委任董事，讓董事代表公司股東管理公司事務。同時，董事也未必會直接參與管理，而是主要做制訂策略的工作，並把若干職責授權企業管理人員或營運管理人員去執行策略，最常見的就是首席執行官和首席財務官、或其他高層管理人員。當然，董事在任何時候均需為指導及監察公司承擔最終責任。小署於第1.3章《3M投資法 價值投資的基礎》也提及，董事和高層管理人員對公司的事務有著舉足輕重的決策權，所以我們一定要了解他們的質素。

評估管理層質素 能否履行職責

根據主板《上市規則》附錄十六的要求，上市公司應提供董事及高層管理人員簡短的個人資料。其實，主板及GEM的《上市規則》也沒有就上市公司董事局的人數作出具體規定。可是，每一家上市公司的董事局都必須包括最少3名獨立的非執行董事，其中至少1名獨立非執行董事必須具備適當的專業資格，或具備適當的會計或相關的財務管理專長。同時，公司所委任的獨立非執行董事必須佔董事會成員人數至少三分之一。上市公司也必須令聯交所信納其董事的個性、品格、獨立性及經驗，足以令其有效地履行其職責。

另外，《上市規則》也提及上市公司的董事應負責決定哪些個別人士（1名或以上）為高層管理人員。高層管理人員可包括上市公司附屬公司的董事，以及上市公司的董事認為合適的集團內其他科、部門或營運單位的主管。不過，大多數的公司高層管理人員都會包括首席執行官、首席財務官、公司秘書和主要業務的負責人等等。

其實，沒有一個董事是萬事通、能夠在所有項目都是專家，所以我們必須確保每名董事及高級管理人員有足夠豐富的專業知識、經驗和誠信，能夠互補不足，讓每名董事能全方位了解公司運作，對公司的政策有強大的執行力。故此，我們評估一間公司，不單只看公司的營運情況，也不能單單評估每名董事的背景，更要看看整個董事局的組成情況，這才能讓我們評估這個管理層是否恰當。

同時，大家也要明白董事有不同職責，才能匹配相關的技能經驗。執行董事負責公司業務日常運作，執行董事通常也會包括公司的高級管理人員。非執行董事不屬於管理層，而獨立非執行董事更是需要符合獨立性原則，完全獨立於公司任何股東或高層或其親屬。

雖然兩者都不參與管理，但是同樣需要知道公司業務最新發展，制訂業務策略，所以他們是否有足夠時間去履行職責，是相當重要！不管執行董事、非執行董事，抑或是獨立非執行董事，他們都有整體責任，要確保管理層對董事會負責，他們最終是要對股東負責。

心水清的讀者，就會發現，聯交所其實沒有為投資者把關，對於甚麼人應該或不應該成為某公司的董事及高層管理人員，並無特定的要求。所以，投資者只好自行去評估董事及高層管理人員的質素，而小薯通常從以下方面去評估：

個人操守

· 品格與誠實（過往有沒有不良的紀錄，不單是刑事或民事紀錄，也包括有沒有剝削小股東的紀錄，上網檢索一下就會有所了解）

· 學歷資格，包括與公司業務及公司策略相關的專業資格、技能及知識

· 於公司所處的行業的相關成就、經驗及聲譽（經驗愈長，成就愈大，意味對行業更熟悉，也有更多的人脈關係協助公司發展）

· 於公司的服務時間（服務時間愈長，對公司了解愈深）

· 其所授予的職務是否具有其負責之營運及指定範疇內的相關知識（例如財務專才負責營銷，明顯是資源錯配，也代表主政的能力值得再了解）

· 是否有足夠時間履行身為董事會成員及其他董事職務的職責（會否同一時間擔任過多公司的董事、公職？2019年1月1日

起，如果候任獨立非執行董事將出任第七家（或以上）上市公司的董事，董事會必須考慮該名人士是否仍可投入足夠時間履行董事責任。）

董事局是否獨立及多元化

· 獨立非執行董事是否真正的獨立？（《管治守則》提出，「擔任董事超過9年」足以作為一個考慮界線，背後有沒有其他商業關係）

‧ 獨立非執行董事能否提供獨立、富建設性的意見？他們未必需要是業內人士，可以是其他方面的專家（例如法律、財務、資訊科技）。因為執行董事通常是業內人士，如果獨立非執行董事有其他方面的技巧和經驗，有助董事局在技巧、經驗和觀點上更加多元化

‧ 董事局的董事是否足夠多元化，例如性別、年齡、文化、教育、專業背景、技能、知識和經驗（《管治守則》要求公司披露公司的「董事局多元化政策」，大家可以參考一下呢！）

留意離職公告

最後，特別要注意，除非董事是大股東，否則董事其實也算是打份工，高管當然也是，所以辭職也是常見！董事局或高管離職，通常都會發公告，確保公眾得知董事局人事變動的消息，與董事局有沒有意見分歧，以及離職原因。雖然大部分都是例行公式：「彼與董事會並無意見分歧，亦無任何與彼辭任有關而須知會本公司股東或香港聯合交易所有限公司之事宜」及「擬投入更多時間追求個人業務及其他承擔而辭任本公司執行董事」。作為打工仔，另謀高就也是常見，不過變動太多也意味公司管治有些問題。有些公司很是「開誠佈公」，若讀者在公告看到以下情況，就要多多「考慮」呢！

圖3—34 某天然氣公司2019年9月2日的公告

(1) 馮先生之職務已由本集團首席財務官調動為中國業務財務總經理

(2) 林先生已獲委任為本集團執行董事兼首席財務官。

圖3—35 某天然氣公司2020年3月6日的公告

(1) 林先生已辭任執行董事及公司秘書並由二零二零年三月六日起生效；及

(2) 簡博士已獲任為公司秘書並由二零二零年三月六日起生效。

圖3—36 某天然氣公司2020年3月6日的公告

本公司現作出以下補充：

林　　先生停止在本公司工作是因為他找到了一份薪金更高的工作。

圖3—37 某GEM上市公司2020年2月6日的公告

由於張先生正在考慮接受新工作，而潛在僱主要求張先生辭任任何上市公司的董事職位，故此張先生向董事會請辭，並自二零二零年一月二十四日起生效。李先生現時身在湖北武漢。由於出境限制及李先生有意投身於新型冠狀病毒抗疫工作，李先生預計會對其持續履行本公司的董事職責構成一定困難，故此李先生向董事會請辭，並自二零二零年一月二十四日起生效。

資料來源：披露易

3.10

作者序言：
董事會報告

一本書很多時會有作者序言，描述這本書的特點、如何看這本書較好、作者的心路歷程等等！董事既然承擔公司的最終責任，角色就好像一本書的作者，而他們出的「董事會報告」就像「序言」，指引大家去閱讀年報的某個部分，從而得出需要的資訊。

董事會報告，是董事會向股東作出的一份報告，《上市條例》對其內容有一定的要求。不過內裡有不少的項目也是重複年報內的其他內容，所以通常也會出現要求讀者參考年報的某個部分。

就這份報告，小薯只想點出幾部分，提醒各位讀者留意：

主要客戶供應商 會否過分集中？

第一部分就是主要客戶和主要供應商。《上市條例》要求公司披露最大及前五大的供應商和客戶，以及其佔公司的採購和銷售的百分比。這部分重點在於讓我們了解公司會不會出現採購和銷售的高度集中風險。如果公司的銷售和採購高度集中於最大或者頭五大的客戶或供應商，只要損失了這些客戶或供應商，就會對公司的營運造成很大的影響。

大家可以看到2020年初時，因新冠肺炎而導致中國這個世界工
廠大停工，連iPhone的供應也打斷，就證明公司的客戶群和供
應鏈的多元化（不管是數量、地域）能夠減低公司的業務風險。
另外，如果比例顯著高於同業，說明該上市公司與主要客戶和
供應商關係密切，如果公司的主要客戶和供應商是知名的獨立
第三方，是沒有大問題（例如瑞聲（2018）的最大及首五大客戶
分別佔其2018年總收入的49%和84%，但我們知道其中一名
客戶是Apple，那問題就不大）。如果這些客戶是不知名人士，
或者是銷售代理，公司就可能有較高的機會和條件進行舞弊了
（詳見第4.1章《騙案一：無中生有 利潤生成大法》）！

第二就是公司董事（特別是執行董事）有沒有參與和公司有競爭性的生意。一個良好的董事或管理層，絕對應該一心一意為公司好，而非經營自己的事業而出現潛在的利益輸送或者利益衝突。當然，能夠披露出來，一定會說有足夠的防火牆或自己不會參與營運，信不信由你，不過起碼也看得出董事或管理層是否對公司專一。

第三就是公司的主要風險。這部分主要是董事認為公司正在面臨甚麼風險，雖然大部分的公司都會說明正面對甚麼市場風險，之後就叫讀者參考財務報表中的一些附註，但是有一些較好的公司會詳細討論公司正在面臨的營運風險，讓投資者更好評估公司的質素。

關連交易次數過多？

第四就是關連交易。關連交易未必一定會對上市公司或者小股東造成傷害，而且理論上關連交易應已符合《上市規則》第十四A章的要求，或者得到聯交所批准才會在財務報表裡披露。不過，若關連交易發生的次數十分頻繁，或者相對公司的規模來說，涉及的金額非常大，那可能是一個警號。

上市公司有很多與關連公司的銷售或者採購，就可能意味著公司很倚賴關聯方的業務，正面來說大股東願意把自己的業務與小股東分享，反面來說則代表公司不能自立門戶，只要大股東

的業務出現問題，就會連帶上市公司也會陷入財務風險。更甚的是，大股東可以通過關連交易來操控公司的帳目。

例如：根據頤海國際（1579）2018年的年報披露，關聯方應佔銷售收入佔截至2018年及2017年12月31日止年度總收入分別為43.9%及55.6%，也有一系列的持續關連交易協議。小薯不是說頤海國際有問題，不過如果關聯方因事停止業務，無可避免會對頤海國際出現影響，這是值得投資者深思。

另外，上市公司可能向大股東購買或者出售業務，且所涉及的金額很大。因為小股東基本上不會參與公司的營運，所以小股東很難了解這些關連交易的背後意圖。大股東可能會把一些很差的業務以高估值賣給上市公司，又或者將公司很好的業務以低價出售予大股東，變相掏空了上市公司的價值、甚至掏空上市公司的金錢。

例如，某礦業務公司，於2014年以15億港元（當中包含可換股債券和現金代價）收購了大股東旗下的一個礦場公司，當中礦場評估值\$31億港元、其他資產\$4億港元，負債\$20億港元。其後這個礦場分別於2015、2016、2017、2018四個財年，累計減值了\$19.8億港元，那當初的評估值是否合理？大家就自行評估了。

大股東的長短倉

最後，大股東的長短倉也隱含不少資訊。根據《證券及期貨條例》第 XV 部，任何人如持有上市公司 5% 或以上的股份權益，都必須披露。在計算個別人士是否有責任披露權益時，其配偶及 18 歲以下的子女所持有的股份權益亦須計算在內，而當他們的股權出現進一步改變以致跨越某個整數百分比時（例如由 6% 上升至 7%），亦須披露。

很多時候，這班人都會有不少內幕消息，如果他們正收集自己的股票，代表著他們也看好自己公司未來發展，又或某一個單位突然持有公司的大量股票，而大股東的持股量相對下降，可

能正在醞釀一些股權交易的動作、又或者大股東的股票孖展被斬倉，如果真的出了這個狀況，可能意味著大股東的財務狀況出現問題，有機會向公司的資產埋手。

另外要看大股東持有多少股票。有些大股東持有的可能是少於50%的股權，表面上這一名大股東其實沒有絕對的控制權，而小股東絕對是有可能聯合起來反抗大股東的。當大股東與其他主要股東出現股權爭拗，公司的業務通常都會停滯不前，甚至出現很多不必要的交易，我們作為小投資者完全沒有插手的空間，只能眼巴巴地望著公司的價值被榨光。

權益上的變動都是需要申報的，而權益申報紀錄可在香港交易所網站內「披露權益」一欄查閱。

股東為何私人擔保公司債務？

有一個披露項目未必是常見，但小薯認為十分重要，就是《上市規則》13.18和13.21的披露。這個披露主要是關於股東以個人身份擔保公司債務，債務的契約是要求大股東必須要維持足夠的股份，以保持大股東地位，以及要繼續成為公司的董事、甚至主席。如果違反了這個契約，公司的債項就相當於違約，債主可以要求公司即時清繳債務。

這一個情況從表面看來，大股東為公司提供他自己的個人擔保，是負責任的表現。可是，大家想深一層，如果公司有足夠的資產或借貸能力，有需要股東去做擔保嗎？當借貸人要求股

東做擔保，代表著公司的資產以至財務狀況可能已出現嚴重問題，需要股東作為私人擔保，銀行才放心借錢給公司。這個做法等同於把公司的存亡連繫到大股東的手上。大股東對自己的業務有承擔好像是理所當然，可是把公司的存亡連繫到一個人身上，其實對公司構成很大的財務風險。

首先，人總會有一死，會有意外，如果大股東一不小心有甚麼冬瓜豆腐，就已經構成了違約責任。其次現在有不少公司的大股東也會把自己的股票抵押用來借錢，前一兩年也不時聽到中國的民企老闆把他們的股票抵押，而出現斬倉危機。如果大股東的押股真的被斬倉，上述大股東有可能失去控制權地位，又是一項違約事項。再者，即使控股權沒有失去，大股東也沒有冬瓜豆腐，只是大股東因個人原因不能履行董事的職責，而被褫奪主席一職，這樣又構成了違約事項。

同樣，出現以上貸款安排不一定是壞事。不過，若以上情況真的出現，原本一些長期債務一下子就要即時還款，會加重公司的財務負擔，影響公司財務穩定。

權益上的變動都是需要申報的，你可在港交所網站內「披露權益」一欄查閱權益申報紀錄。https://www2.hkexnews.hk/Shareholding-Disclosures/Disclosure-of-Interests?sc_lang=zh-HK

3.11

附錄：
企業管治報告

最後一份報告就是公司的企業管治報告。《上市規則》附錄十四所載的《企業管治守則》及《企業管治報告》（下稱《準則》）其實詳細描述了公司的企業管治要求，例如主席與行政總裁應該分開兩人擔任，獨立董事和主席應該出席周年大會中面對股東等。

根據《準則》的要求，董事局轄下應該最少有三大委員會，包括推薦／提名委員會（檢視公司的董事會架構，審視董事候選人的履歷和獨立董事的獨立性，建議董事提名政策、董事多元化政策等）、薪酬委員會（主要審視公司的董事和高層管理人員的薪酬架構）、審計委員會（主要審視公司的內控和風險管理系統、檢閱財務報表以及建議委任核數師），有一些更大的機構，更另設投資委員會、風險管理委員會、環保委員會等等。

這一份企業管治報告，主要就是描述公司董事局和這三個委員會的主要功能和當年所履行的工作。同時，也表列所有董事出席董事局會議和委員會會議的次數和專業發展情況，大家有興趣的可以看一看，起碼可以讓你評估這班董事是否真誠地履行他的董事責任。

有一些良好企業管治的公司也會很詳細地編寫這份報告，如果讀者有興趣深入了解，小薯建議可以看看中電（0002）企業管治報告。中電的企業管治報告簡直是完美的示範。不過，如果大家有認真細看前文所提及的不同報告，理應大約已經知道公司管理層和企業文化，以及他們的企業管治程度，所以小薯認為可以不用細看企業管治報告，因為這份報告的內容，基本所有公司都是大同小異，只要略看有沒有特別奇怪的東西即可。

企業管治有否偏離準則？

不過以下幾個部分大家不妨也留意看看：

圖3—38 永利企業管治報告

於截至2017年12月31日止年度，本公司一直遵守守則的守則條文，惟對第A.2.1條及第E.1.2條守則條文存有以下偏離情況。

Stephen A. Wynn先生為我們的主席兼行政總裁

守則的第A.2.1條守則條文規定，主席及行政總裁之角色應分開，並不應由同一人擔任。自2018年2月7日起委任馬德承先生為本公司行政總裁及盛智文博士為董事會主席後，本公司一直遵循守則的第A.2.1條守則條文。於2018年2月7日前，本公司及WRM的創辦人Wynn先生一直為本公司之主席兼行政總裁。董事會認為結合有關角色並由Wynn先生同時擔任符合本公司及全體股東之最佳利益。董事會認為是否結合或分開董事會主席及行政總裁職位的問題屬繼承規劃過程的一部分，董事會根據情況決定是否結合或分開兩個職位以符合本公司最佳利益。Wynn先生同時擔任兩個角色有助統一董事會及行政管理人員的領導及方向。Wynn先生同時擔任主席及行政總裁乃透過本公司之管治架構、政策及控制而取得平衡。

股東週年大會

根據第E.1.2條守則條文，董事會主席須出席本公司股東週年大會。我們的前主席Wynn先生處於矯形治療康復階段，無法跨國出差出席於2017年6月1日舉行的本公司股東週年大會。

資料來源：永利澳門 2017年年報

第一：有沒有偏離企業管治準則，《準則》要求公司凡有偏離情況，就必須要披露，而我們就要看這個偏離是否帶出一個很大的企業管治危機。好像永利（1128）上述的情況，很多民企也會出現，是一個小問題，所以小薯不會認為永利出現管治問題。不過，即使公司完全沒有偏離企業管治的要求，也不意味着公司沒有問題。因為其實有不少是表面動作，有心要清除這些偏離其實是很容易的。

股息政策是否明確？

第二：股息政策。最新的《準則》要求公司必須披露股息政策，讓投資者了解公司派息的取向。有些公司寫得很明確，有些則是模棱兩可，說甚麼根據實際環境再決定派息。下列為一些上市公司說明股息政策的例子。

中電（0002）：「中電的股息政策，旨在提供可靠穩定的普通股息，在集團盈利的支持下穩步增長，同時確保維持一個穩健的財務狀況，有助我們業務的增長。根據我們的慣例，普通股息按季度發放，每年支付四次。」

金界（3918）：「本公司已採納股息政策，旨在透過制定向股東分派股息的指引，以提高透明度及便於股東及投資者作出知情的投資決定。董事會認為，本公司的核心原則是努力為股東創造價值及貢獻有利回報。鑒於盈利能力及產生良好現金流的能力，本

公司致力於維持向股東分派經常性股息，同時保持穩健的資產負債表及財務靈活性，以尋求未來發展機遇。自二零零六年至二零一八年，本公司的股息派付佔純利的45%至86%，宣派及派付的股息總額達10.7億美元。自二零一四年至二零一八年，本公司致力於維持60%至70%的高派息率，隱含股息率介乎4.5%至7.2%。預期派息率仍取決於本公司的財務表現及未來的融資需求。就此而言，本公司的股息政策乃基於若干因素而制定，該等因素包括但不限於本集團的實際及預期財務業績、股東權益、一般業務狀況及策略、本集團預期營運資金需求、未來擴張計劃及法定及監管限制。根據本公司採納的股息政策，董事會可在其認為適當的情況下建議派付股息（如有）。」

某主板上市公司：「本公司已制定股息派付政策，載明釐定本公司股息派付的因素、本公司的長期盈利能力及預期現金流入及流出、股息派付的頻率及形式。該政策應予定期檢討及提交董事會批准是否需要修改。」

擔任董事準則是甚麼？

第三：提名董事條件和董事局多元化政策。其實小薯覺得這兩個政策是一脈相承的。一個董事局如果能夠包羅不同的人，就能夠引起更多的腦震盪，為公司帶來新的意見和衝擊，例如男女比例、行業背景、年齡等等，如果有了這個政策，董事局人選的候

選人基本上也是依循這個多元化目標而選擇的。當然與股息政策一致，好的公司就會鉅細無遺地列出他們的條件，不過大部分公司也是短短描述數句而已。

圖3—39 煤氣董事會多元化政策

董事會成員多元化政策
董事會已採納董事會成員多元化政策，以達致董事會成員多元化而採取之方針。公司明白並深信董事會成員多元化對提升公司之表現素質裨益良多。公司在設定董事會成員組合時，會從多個方面考慮董事會成員多元化，包括但不限於專業經驗、技能、知識、文化及教育背景、種族、年齡及性別。董事會所有委任均以用人唯才為原則，並在考慮人選時以甄選準則充分顧及董事會成員多元化之裨益。

資料來源：中華煤氣 2017 年年報

圖3—40 煤氣提名董事條件

根據提名政策，提名委員會在評估和甄選董事候選人時應考慮下列準則：

- 誠信聲譽
- 與公司業務有關和有幫助之從商經驗
- 願意投放足夠時間履行其作為董事會成員之職責
- 以達致董事會多元化之董事會成員多元化政策

上述因素只供參考，並不旨在涵蓋所有因素，也不具決定性作用。提名委員會可決定提名任何其認為適當之人士。最終將按人選之長處及可為董事會提供之貢獻而作決定。

資料來源：中華煤氣 2018 年年報

公司為何回購股份?

最後:公司的回購情況。回購通常是利好公司股價的一個動作,而這個披露就會根據月份列出公司從市場回購的股份數量、最高和最低回購價,以及回購總代價。從這些資料就可以大約了解到公司的回購政策,是因為市場低估了公司的價值而買入?抑或是為了某些私人目的而人為托價回購呢?回購其實也大有學問,作為學術討論,小薯也在2018年7月12日撰寫了《回購不斷的領展有沒有變質?》(已收錄於本書附錄一),大家有興趣的也可以看看。

圖3—41 領展回購例子

回購、出售或贖回領展之上市基金單位

於回顧年度內,管理人代表領展於聯交所回購合共42,145,500個基金單位,總代價(不包括開支)約為32.164億港元。進一步詳情載列如下:

月份	基金單位回購數目	每基金單位之購買價格		概約總代價(不包括開支)百萬港元
		最高港元	最低港元	
2018年				
7月	13,611,500	77.80	71.35	1,019.9
8月	25,868,500	78.30	75.05	1,987.5
12月	966,500	79.00	77.35	76.1
2019年				
1月	1,699,000	79.00	77.60	132.9

回購之基金單位已於財政年度結束前全數註銷。管理人於回顧年度內之所有基金單位回購均根據基金單位持有人於2018年基金單位持有人週年大會上授出之基金單位回購之一般授權進行,並符合領展及基金單位持有人之整體利益。回購基金單位之平均成本(不包括開支)約為每基金單位76.32港元。除上文所披露者外,管理人或領展之任何附屬公司於回顧年度內概無回購、出售或贖回任何領展之上市基金單位。

資料來源:領展 2018/19年年報

投資者不應抗拒讀年報

討論到這裡，整本年報的基本內容小薯就討論完畢了。不知有多少個讀者全部讀完，又或者看罷仍未覺得眼瞓？老實說，有時候小薯編制和審閱這些年報時，亦會覺得煩厭，因為年復一年，也是來來去去差不多的內容。

可是，如果你本身喜歡投資，閱讀年報其實能夠讓你開了很多眼界，了解不同的產業，增進知識，甚至通過年報，你能感受到公司與你的財富在一起成長，慢慢你會明白年報的用處。

小薯過去就是不斷閱讀年報，為年報抽絲剝繭，甚至做資料蒐集去印證年報的內容，這個研究逐漸就成了小薯的興趣。這些年來，小薯每年閱讀年報（未計中期報）的數量起碼有10份。雖然不多，但如果要深入研究一本年報，特別是第一次研究的公司，更要同時研究數年的份量，事實上是要花時間的。

身為投資者，不要說喜歡，起碼也不應抗拒閱讀年報，否則小薯會建議你不要投資股票，而去找一些你自己有興趣的投資標的去深入研究，或者找一個你信任的專業投資顧問會更好（雖然小薯不建議假手於人，可是總比自己胡亂買股票來得更好）。

第四章

會計騙案
大踢爆

資本市場其實是很公平的，企業家辛辛苦苦經營自己的公司，將之上市後，就能享受出售股權帶來的收穫。隨後，如果經營有道，股價上漲就能為企業家帶來財富增長，反之，經營不善的就會從公司每況愈下的市值反映出來。另外，小投資者能通過資本市場分享公司的成果，如果小投資者因為做功課而投資有道，資本市場就會回報這批投資者；相反，不做功課，只做「冧把」黨，人云亦云，出現虧損，也合情合理。

原本大家只要跟著這個遊戲規則做，贏錢是沒有問題，輸錢也與人無尤。可惜這個市場總有些人立心不良，深懷不軌，穿法律罅，製造虛假的財務報表，利己損人。

歐亞農業 收入1億變11億

小薯想跟大家分享一個例子。歐亞農業控股有限公司於2001年7月19日在香港交易所上市。創辦人楊斌，先在瀋陽建立荷蘭村，又在中國多地設立分公司，主要業務為培植和銷售蘭花產品。當時的招股價定在$1.48港元，到2002年4月公布2001年年報後，公司股價一度升至$2.8港元，上市不足一年，股價漲近90%。據2001年年報顯示，公司主營收入為$11億元人民幣，比2000年淨增64%，淨利潤為$5.2億元人民幣。毛利$5.8億元人民幣，當中$5.6億元人民幣來自主營銷售花苗及花朵。從業績來看，一片美好！

圖4—1 歐亞農業2001年業績

		Year ended 31 December 截至十二月三十一日止年度			
		1998[2] RMB'000 人民幣千元	1999[2] RMB'000 人民幣千元	2000[2] RMB'000 人民幣千元	2001[1] RMB'000 人民幣千元
Turnover	營業額	8,472	345,499	670,066	1,102,252
Profit from operations	經營溢利	556	73,405	190,958	521,128
Finance costs	融資成本	—	—	—	(17)
Other non-operating expenses	其他非經營支出	—	—	—	(18)
Profit for the year	本年度溢利	556	73,405	190,958	521,093
Income tax	所得稅	—	—	—	—
Profit attributable to shareholders	股東應佔溢利	556	73,405	190,958	521,093

資料來源：歐亞農業2001年年報

可是，2002年9月，歐亞農業被香港證監會勒令停牌。及後，其行政總裁、副總裁、執行董事兼財務總監、非執行董事、行政總裁、執行董事兼行政副總裁相繼提出辭職。同年10月，《經濟日報》刊登中國證監會致香港證監會的檔案，揭示歐亞農業有涉嫌財務造假等問題。根據招股書的數據顯示，歐亞農業報稱

1998年至2001年的總收入為$21億元人民幣，但根據國家稅務局的調查，連同該公司董事局主席的私人企業（未上市部分）在內，同期總收入其實不足$1億元人民幣（這裡意味著，一是招股書內容作假，又或是楊斌及歐亞農業瞞稅、逃稅，兩項都是死罪）。其後，香港聯合交易所及香港證監會發表聲明，確認曾去信給擔任歐亞農業上市招股的全球協調人、配售經辦人兼保薦人工商東亞融資有限公司，以及核數師兼申報會計師安達信公司，查詢招股書的準確性。

2004年5月10日，香港高等法院對歐亞農業頒布了清盤令，5月20日，歐亞農業退市。董事長楊斌也因虛報註冊資本罪、非法佔用農用地罪、合同詐騙罪、對單位行賄罪、偽造金融票證罪等，數罪並罰，被判處有期徒刑18年。

合法會計操縱 難以察覺

身為小投資者，我們必須要看清楚這些操縱帳目的行為，雖然很多時難以察覺這些造假的行為，但總會有些蛛絲馬跡。

不過，請留意這些行為可以是合法，也可以是非法。在會計準則的規範之下，利用會計準則的漏洞去調撥利潤，完全是合法的，但卻未必反映公司最真實的情況，這些手法只能說是不道德。當然，有一些明顯是非法行為，例如虛假銷售等。

接下來的章節，小薯將為大家討論幾個比較普遍的合法地調整帳目的手法，以及以此創造利潤的基本手法。

騙案一：
無中生有 利潤生成大法

試從騙徒角度想想：如果公司要創造無中生有的利潤，哪個項目最為方便和最不引人注意？就是銷售。

在公司財務報表中，銷售就是利潤的主要創造點，銷售減去成本，就是利潤。如果公司從成本入手，就是減少成本，但突如其來的成本減少，通常會引起懷疑。可是，通過增加銷售，同時有相應的成本增長，就不會顯得突兀。另外，銷售不斷增長也意味著公司有成長的可能性，也能讓市場有故事，從而帶動股價上升。

貨物 Loop Loop Loop

這個做法，通常是利用友好公司加上過期存貨進行虛假銷售。小薯舉一個例子，大家就更容易明白。

A公司是上市公司的供應商；B公司是上市公司的客戶；3間公司看起來是獨立第三方，私底下卻是十分友好。

年報解密 —— 揭露公司價值真相

156
157

首先上市公司用$100萬元向A公司買入一批貨物，之後用$120萬元賣給B公司，B公司隨後將這批貨物以$140萬元賣回給A公司，A公司再以$160萬元賣給上市公司，上市公司再以$180萬元賣給B公司，同一批貨物，經過一個圈，就已經可以為上市公司創造$300萬元的營業收入。

之後，上市公司將$100萬元付款給A公司，A公司再把這$100萬元付款給B公司，B公司就把這$100萬元清繳他在上市公司的欠款。這一種做法，最容易同流合污的就是貿易公司，因為這些公司就是貿易量大、但存貨少，較難被人發現。

大家看到這裡發現甚麼？就是應收帳款裡，會出現一個未清繳款項，就是$20萬元的利潤，這一部分隨著營收不斷做大，就會不斷加大，因為整個過程，現金流實際是沒有增長的。有良心的老闆可能會用錢，在表外把A的應付和B的應收對沖並填補這缺口，否則可以通過呆壞帳處理掉。可是，何時處理呆壞帳，又是另一操控帳目的手法。

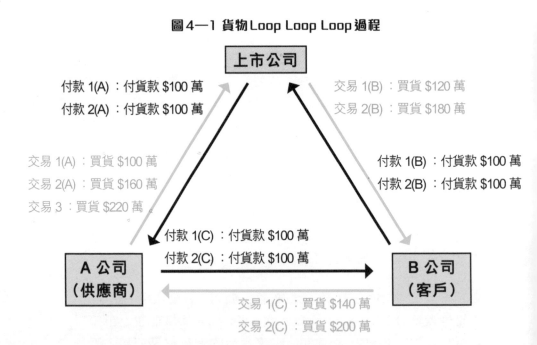

圖4—1 貨物 Loop Loop Loop 過程

上市公司

付款 1(A)：付貨款 $100 萬
付款 2(A)：付貨款 $100 萬

交易 1(B)：買貨 $120 萬
交易 2(B)：買貨 $180 萬

交易 1(A)：買貨 $100 萬
交易 2(A)：買貨 $160 萬
交易 3：買貨 $220 萬

付款 1(B)：付貨款 $100 萬
付款 2(B)：付貨款 $100 萬

付款 1(C)：付貨款 $100 萬
付款 2(C)：付貨款 $100 萬

A 公司
（供應商）

B 公司
（客戶）

交易 1(C)：買貨 $140 萬
交易 2(C)：買貨 $200 萬

圖4—2就是上市公司每次交易完成後的情況（正數為增加，括號為減少）：

圖4—2 上市公司財表

萬元	收入	成本	利潤	存貨	應付A公司	應收B公司	現金
交易1(A)	/	/	/	100	100	/	/
交易1(B)	120	100	20	(100)	/	120	/
付款1(A)	/	/	/	/	(100)	/	(100)
付款1(B)	/	/	/	/	/	(100)	100
交易2(A)	/	/	/	160	160	/	/
交易2(B)	180	160	20	(160)	/	180	/
付款2(A)	/	/	/	/	(100)	/	(100)
付款2(B)	/	/	/	/	/	(100)	100
交易3	/	/	/	220	220	/	/
總額	300	260	40	220	280	100	0

一般來說，如果上市公司串通既有客戶或供應商的相關人員，通過合謀方式造假，是較難被發現的，而這手法其實成本較高（因為要交稅，掩口費也要吧）。不過，有些上市公司手法更「高明」，偽造虛假客戶和供應商等，進行虛假的銷售與採購，形成虛假收入，連造假成本也要省掉。

成本升 存貨沒升

此外，如果一間正常公司銷售不斷加大，通常也會多買一些原材料或存貨，以應付加大了的需求。可是，造假的公司未必會這樣，因為他們知道這些銷售不是真實的，需求當然也不存在啦！所以，公司才不會真金白銀把錢拿出來去買貨，所以很多時候你會見到這些公司的銷售成本（Cost of goods sold）不斷加大，但是存貨卻沒有相對應的增長，因為他們都是用同一批貨來來回回的走來走去。

最新的造假案相信要數有「中國星巴克」之稱的瑞幸咖啡（美：LK）和中國教育公司好未來教育（美：TAL）的造假案了！瑞幸咖啡的首席營運官劉劍及其下屬，被懷疑在2019年第二季至第四季度期間，偽造虛報，初步估計涉及銷售造假金額達$22億元人民幣，某些成本及費用也因虛假交易而大幅膨脹。事件曝光後，兩日內其股價急跌8成，市值蒸發約$53億美元（本章稍後節數會再討論這個案例）。

另外，在美上市的中國最大教育集團之一的好未來教育亦懷疑有員工「行為不當」，和外部供應商合謀，偽造合同誇大銷售數據收入約$1億美元，佔總收入3%至4%，消息令其股價一度跌3成，市值一下子蒸發$58億美元。

值得注意的是，兩家公司都曾被沽空機構渾水（Muddy Waters Research）狙擊，分別指瑞幸咖啡虛報銷售額（當時渾水稱從超過1萬小時的店內錄影、2.5萬張發票等訊息中推斷出這個結論），和好未來教育在2016至2018年間進行「欺騙性」交易和誇大營業收入及純利潤。當然兩家公司都反駁指控，市場只是短暫急挫，就很快回穩。直到兩家公司發公告自爆帳目造假，就看得出我們這些小投資者，要發現公司造假難過登天！

4線索揭發「虛假銷售」

要找出線索，揭示「虛假銷售」，大家可以從以下數方面入手：

（1）如上文所述，公司的應收帳款應該會不斷加大，那我們可看看其應收帳款天數（＝應收帳款／銷售×365天）是否比同業長，或者按年增長。如果是，也未必是造假，可能是公司的收款能力差，或者因公司「有錢」，願意長貨款期給顧客。

（2）既然公司不會買貨，那存貨應該不會有太大增長，但銷售成本卻不斷增長，那我們就可看看公司的存貨天數（＝存貨／銷售成本×365天）是否比同業短，或者按年減少。如果是，也未必是造假，可能是公司的效率提高而已。

（3）另外，也可以看看前五大客戶與營業收入的佔比，以及前五大供應商與採購額的佔比。如果比例顯著高於同業，說明該上市公司與主要客戶和供應商關係密切，就可能有較高的機會和條件進行舞弊。

（4）最後，從現金流量表上，看看銷售收入的增加，是否與經營性現金流入的變動趨勢一致，支付的稅金與收入規模的變化是否合理。

如果以上情況同時出現的話，大家可能要警惕一下，提防騙徒出沒！

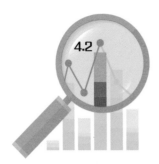

騙案二：
隱藏債務 利潤再創造

小薯想在此節跟大家分享的，是上市公司如何通過聯營公司和合資公司，隱藏債務和加大銷售。

首先簡單解釋一些基本概念。聯營公司就是上市公司投資股權達到20%至49%的公司，而合資公司就是上市公司與別人各持有50%股權的公司，這兩種股權投資基本都用權益法*來入帳。

權益法的入帳方式，簡單來說就是上市公司會把聯營公司的整體盈利和淨資產，以「聯營公司所佔溢利」和「聯營公司權益」列於利潤表及資產負債表，以一個項目單列上市公司的帳目，意味著聯營公司的手上有甚麼資產、負債和收入的來源，以及開支的類別，都不會細分到上市公司的帳目內，投資者很難得知這些聯營公司的利潤來源和手上有甚麼資產。合資公司也是以同一方法入帳，只是名稱改為「合資公司所佔溢利」和「合資公司權益」。

*在會計處理上，長期的股權投資是有不同的處理，方法包括成本法、權益法和以公允值入帳。小薯在此節不會詳論這幾種的入帳方法，因為當中涉及較艱深的會計知識，有興趣的讀者可參考本書附錄二的文章。

以聯營或合資公司做手腳

有了這些基本概念，小薯就用兩間虛構公司與大家分享一下，如何通過這兩種股權投資方式去粉飾公司的帳目，特別是可以隱藏債務，加大公司的利潤。假設A公司於2018年，以$40億元投資了B公司40%的股權，以及經過1年營運後，兩間公司的財務狀況表和全面收益表，於2018年和2019年的情況如下：

圖4—3 兩公司的財務狀況表和全面收益表

A公司

億元	2018年	2019年
財務狀況表		
股權投資－B公司	40	40
資產	1,000	1,120
負債	(500)	(500)
股本	(100)	(100)
其他權益	(440)	(560)
全面收益表		
收入	100	150
支出	(20)	(30)
利潤	80	120

B公司（聯營公司，A公司持有B公司的40％股權，另外兩名股東分別持有25％和35％的股權，而該兩名股東並非共同行動者）

億元	2018年	2019年
財務狀況表		
資產	600	620
負債	(500)	(500)
股本	(100)	(100)
其他權益	/	(20)
全面收益表		
收入	/	50
支出	/	(30)
利潤	/	20

根據會計準則，聯營公司須以權益法入帳，而（A＋B）集團的
財務報表如下：

圖4—4 按權益法入帳的財務報表

億元	2018年	2019年
財務狀況表		
聯營公司權益	40[*1]	48[*3]
資產	1,000	1,120
負債	(500)	(500)
股本	(100)	(100)
其他權益	(440)	(568)
全面收益表		
收入	100	150
聯營公司所佔溢利	/ [*1]	8[*2]
支出	(20)	(30)
利潤	80	128

[*1] 於2018年，A公司佔B公司的對應淨資產就是：$(600－500)億元×40%＝$40
億元，並列示為「聯營公司權益」，而因為B公司當年未產生利潤，所以沒有分佔到
利潤。

[*2] 於2019年，B公司當年產生了$20億元利潤，根據股權比例，A公司就分佔到$20
億元×40%＝$8億元的利潤，並列示為「聯營公司所佔溢利」。

[*3] 於2019年，A公司佔B公司的對應淨資產就是：$(620－500)億元×40%＝$48
億元。其實就是2018年的$40億元，加上今年分佔到$8億元的利潤，兩者的總和。

可是，看持股比例，A公司明顯有話語權，就算說B公司是A
公司的子公司也不為過。假設不跟隨會計準則的權益法，而是

把兩家公司合併起來（「合併」的意思請參考第3.5章《主線索一：財務狀況表》，或小薯上文提及的附錄二），結果如下：

圖4—5 按合併法入帳的財務報表

2018年

	A公司	B公司	抵銷	合計
綜合財務狀況表				
股權投資/B公司	40	/	(40) [*1]	/
資產	1000	600	/	1,600
負債	(500)	(500)	/	(1,000)
股本	(100)	(100)	100	(100)
其他權益	(440)	/	/	(440)
少數股東權益	/	/	(60)	(60)
綜合全面收益表				
收入	100	/	/	100
支出	(20)	/	/	(20)
利潤	80	/	/	80

2019年

	A公司	B公司	抵消	合計
綜合財務狀況表				
股權投資/B公司	40	/	(40)	/
資產	1120	620	/	1,740
負債	(500)	(500)	/	(1,000)
股本	(100)	(100)	100	(100)
其他權益	(560)	(20)	12	(568)
少數股東權益	/	/	(72)	(72)
綜合全面收益表				
收入	150	50	/	200
支出	(30)	(30)	/	(60)
利潤	120	20	(12)	128
少數股東權益	/	/	12 [*2]	12

年報解密 —— 揭露公司價值真相

當然，請留意以上只是用作解釋的範例，非實際的會計處理手法。

帳目之易容魔法

大家還記得本節開首提及，這種會計手法能粉飾公司的帳目
嗎？我們且看魔法如何發生。

圖4—6 權益法和合併法入帳的分別

億元	權益法		合併法	
	2018年	2019年	2018年	2019年
資產	1,040	1,168	1,600	1,740
負債	500	500	1,000	1,000
股本＋權益	540	668	600	740
負債/ 資產	48.1%	42.8%	62.5%	57.5%
負債/ 權益	92.6%	74.9%	167%	135%

大家可以看到，即使A公司對B公司有控制權，只要A公司的
持股百分比不多於50%，就能運用權益法入帳，隱藏B公司的
債務，大大改善集團的負債情況。

[*1] B公司的股本資金來源，實際上就是A公司的股權投資。所以從（A＋B）集團來
看，只是把錢從A公司這個左袋放到B公司這個右袋，所以會互相抵消，以免誇
大數據。

[*2] 因為A公司只佔40%股權，所以要把B公司的利潤分給持有60%股權的股東，
少數股東分到利潤是 $20億元 ×60% ＝ $12億元。

如果有4間上市公司分別持有類似B公司的高負債公司，只要這4間公司摸摸酒杯底，每間上市公司互相持有那些B公司的25%股權。那樣，這類B公司所有的高負債，就不需要併入自己的上市公司內，加大自己公司資產之餘，負債又能原封不動。這一招乾坤大內移，簡直是驚為天人！

雖然小薯以上述例子簡單的以股權比例作為類比，而事實上2013年生效的「香港財務報告準則第10號」要求，公司不可單純以擁有一間公司50%以上的表決權就決定這間公司是受到公司控制，以及進一步闡述「控制」的定義，要求公司不能以單一指標來衡量，應綜合考慮所有相關事實和情況，例如擁有的權力、公司參與程度等指標來決定，不過市場大方向依然以投票控制權來為股權投資作出分類。

能把以上手法玩得出神入化的，要數「世紀大重組」前的長實了！各位有興趣的讀者們，可以找回當時的年報看一看。

細看煤氣的聯營公司

另外，權益法的另外一個魔法，就是加大公司的利潤，圖4—7是中華煤氣（0003）5年利潤數據：

圖4—7 煤氣簡列損益表

百萬港元	截至12月31日止年度				
	2015年	2016年	2017年	2018年	2019年
營業額	29,591	28,557	32,477	39,073	40,628
總營業支出	(22,602)	(21,387)	(24,845)	(30,690)	(32,604)
毛利	6,989	7,170	7,631	8,383	8,024
其他收益/ （虧損）淨額	101	(30)	630	20	1,049
利息支出	(1,129)	(1,207)	(1,257)	(1,177)	(1,230)
所佔聯營公司利潤	2,228	2,447	2,604	3,590	1,820
所佔合資企業利潤	1,716	1,465	1,488	1,523	742
除稅前溢利	9,906	9,846	11,097	12,340	10,404
稅項	(1,727)	(1,576)	(1,750)	(1,908)	(2,290)
年內溢利	8,179	8,270	9,347	10,432	8,114
永續資本 證券持有人	(111)	(111)	(107)	(99)	(1,050)
非控股權益	(767)	(819)	(1,010)	(1,012)	(1,050)
公司股東應佔溢利	7,302	7,341	8,225	9,313	6,966

資料來源：煤氣年報

＊數字經四捨五入，可能出現輕微的計算誤差。有關誤差被視為不重大。

大家可以看到，煤氣（0003）的毛利其實算是穩定，增長不多，
不過「所佔聯營公司利潤」卻不斷增長，2018年更大幅增長近
$10億港元，但到2019年又大幅下跌$18億港元，而且「所
佔聯營公司利潤」更佔「股東應佔溢利」的26%，2018年更達
39%。究竟發生甚麼事？

我們看看煤氣2018年年報，附註21「聯營公司」，原來煤氣持
有不少聯營公司，當中包括一家持有國際金融中心約15.8%股

權的聯營公司。這一家公司已佔了「所佔聯營公司利潤」當中的$26億港元。再看看附註5「分部資料」，謎底揭開了，原來此$26億港元是包含有國際金融中心之投資物業估值變動$20億港元（2017年是$12億港元、2019年是$2億港元），是一項非現金的公允值變動！如果把這項非現金的公允值變動剔除，「所佔聯營公司利潤」2017年、2018年和2019年的「所佔聯營公司利潤」則分別只有$14億港元、$16億港元和$16億港元，其實變動不大。當投資者沒有這樣仔細去看財務報告，單看利潤數據就出事了！

恒地的聯營公司

以上例子已經很直接。小薯再給大家一個小遊戲，大家翻開恒地（0012）2018年年報，當年盈利為$314億港元（包括物業的公允價值淨增加$105億港元），其中應佔聯營公司盈利約$53億港元，還有應佔合營企業盈利約$69億港元，即是單單這兩項，就已佔剔除物業的公允價值淨增加（$209億港元）的25%和33%。在年報中披露了恒地的聯營公司包括了41.53%的煤氣、48.7%的美麗華（0071）和33.41%香港小輪（0050）。應佔合營企業則包括了上述持有國際金融中心的公司34.21%的股權。

煤氣的聯營公司已在上文解釋了，當中再包含了$36億港元的應佔聯營公司盈利（以及煤氣本身的投資物業的公允價值淨增加$1,250萬港元）；美麗華又包含了$420萬港元的應佔聯營公司盈利（以及美麗華本身的投資物業的公允價值淨增加$8億港元）；香港小輪又包含了$100萬港元的應佔聯營公司盈利（以

及香港小輪本身的投資物業的公允價值淨增加$4,389萬港元）。
那實際上恒地當年$314億港元的利潤，有多少是由物業的公允
價值淨增加而來？

推理時應結合行業慣例

小薯不是說煤氣及恒地是有甚麼目的，也沒有任何結論。因為
地產這一行業，有不少前期投資額大的項目，所以經常出現夥
拍其他公司共同發展項目，也常會共同成立一間項目公司去開
發項目，所以經常會出現「合營公司」或「聯營公司」。另外，發
展業務時，基於不同的財務考慮（例如借貸力、利息等）也會利
用不同的公司營運。甚至有機會是集團母公司了解到聯營公司
的業務未必能自給自足，與其貸款給聯營公司，不如把一些有
穩定現金流或賺錢的項目讓聯營公司自行發展，讓其自給自足
甚至轉型。

因此，當我們「推理」公司的帳目時，必須要結合公司所處行業
的慣例，千萬不要一刀切下結論，也不是非黑即白。

通過以上例子，大家明白權益法如何能增加利潤了嗎？如果某
公司再壞心腸一點，先利用一系列的聯營和合營公司，再結合
上一章節提及的無中生有的利潤創造大法，會變成怎樣？利潤
加大了，但資產和負債的詳細資料又被隱藏到一項又一項的「聯
營公司權益」或「合資公司權益」。

對於這些公司，我們這班小投資者，除了自求多福，避之則
吉，又可以做甚麼呢？

騙案三：
應收帳款減磅大法

前文論及「無中生有、利潤生成大法」一招，公司會出現一個後遺症，就是應收帳款會激增。另外，一些比較「老實」的公司，為了保持業績，可能通過延長貨款期或者提供折扣吸引客戶加大銷售額，這做法也會出現應收帳款激增及毛利率減少的後遺症。

當應收帳款激增，應收帳款週期也會跟著變長。為免出現這個情況，公司可以向銀行申請應收帳款融資。應收帳款融資會分為兩類：

（1）有追溯權：術語叫做「應收帳款抵押融資」，若客戶拒絕付款，銀行是可以向公司追討收回相關金額

（2）無追溯權：術語叫做「應收帳款轉售」，應收帳款的權利是賣斷給銀行，即銀行就會承擔信用風險

有追溯權的應收帳款融資，基本上只是以應收帳款作抵押，向銀行融資，所以在會計帳目上不會減低應收帳款的金額。因此，如果要真正減低應收帳款的餘額，就一定要申請無追溯權的應收帳款融資，如上文所述，銀行是要承擔信用風險的，所

以銀行會收取比有追溯權的應收帳款融資較高的費用和利息。
在業務性質上看，最容易實行這些方法的應該是做有大額客戶
的實業公司。

應收帳權利 賣斷給銀行

讓大家更容易明白，小薯舉個簡單的例子。公司做大了銷售
後，應收帳款大增，決定把$500元的應收帳款賣給了銀行，當
中銀行抽取了$10元的銀行費用，所以減少了股東權益$10元。

當公司從銀行淨收到$490元時，沒有理由不用，所以決定把當中的$200元還掉一些貸款。這一連串的動作做完後，公司的情況會如何？

圖4—8 應收帳款減磅例子

元	應收帳款融資前	應收帳款融資後	清繳負債後
應收帳款	1,000	500	500
銀行	100	590	390
其他資產	500	500	500
負債	(600)	(600)	(400)
股東權益	(1,000)	(990)	(990)
銷售額	10,000	10,000	10,000
應收帳款週期（應收帳款/ 銷售額 x 365）	36.5天	18.3天	18.3天
負債權益比（負債/ 股東權益）	60%	61%	40%

神奇的一刻出來了！公司做完這些動作，銷售額大了、應收帳款週期短了、負債權益比也減低了！天下為甚麼有這麼好的事呀！其實，這種方法長遠會損害公司的利益。如果現在客戶能買到便宜貨，將來為甚麼會用原價跟公司買？此外，明明值$500元的應收帳款，現在只能收回$490元，對公司又是另一種損失！

以上三招，其實不單能獨立使用，更能使出COMBO必殺技！

看到這裡，大家應該大約知道，如何找出一些蛛絲馬跡去發現這種手法：

(1) 用EBITDA跟經營活動的現金流量比較，因為一間經營穩定的公司，客戶和供應商的數期變化，應該不大，這個比例通常不會太飄忽。如果比例突然下跌，就是一個警號。

(2) 無追溯權的應收貸款融資，需要付出較高的銀行費用和利息，如果當年銀行費用和利息突然較往年高，那就要多加留意。

達爾曼空城計 8年無人發現

如果上市公司要存心造假，把虛做的銷售、利潤洗白，其實不是想象那麼難，小薯在這裡再分享多一個故事：

曾被稱為「中華珠寶第一股」的西安達爾曼實業股份有限公司，是首間在上海交易所上市的珠寶飾業公司，於1996年12月上市，發行價$7.3元人民幣，歷史上的最高股價達到$94元人民幣，中間曾發新股、配股，從市場上套現現金近$6億元人民幣。

董事長許宗林2001年和2002年連續兩年以身價$6億元人民幣入選《福布斯中國內地百富榜》，於1997至2003年間，達爾曼報表收入合計$18億元人民幣，報表利潤合計$4.12億元人民幣，資產總額比上市時增長8倍，達到$22億元人民幣，淨資產增長6倍，達到$12億元人民幣。可是，到2004年，公司虧損$14.44億元人民幣，股東權益為$3.47億元人民幣，每股淨資產為$1.21元人民幣。

原來，達爾曼所有的採購、生產、銷售基本上都是假的！由原料入庫單、生產進度報表和銷售合同，甚至實際繳納相關銷售發票和增值稅發票應繳的稅款，都是子虛烏有！這些造假交易，全部都由董事長許宗林控制的空殼公司和影子公司，與達爾曼進行「業務往來」，這類公司總數達30多個。最後到2005年1月10日，上交所正式對西安達爾曼股票實施停牌，而董事長許宗林在2003年已潛逃到加拿大（並同時遙控指揮達爾曼的營運），現在許宗林仍是未知去向。

由上市到東窗事發，足足有8年時間，銀行、核數師、政府機關，全部沒有人發現真相！如果公司存心欺詐，我們作為小投資者，其實是很難察覺，所以為甚麼要更嚴謹地理解公司的管理層，以免被騙至欲哭無淚。

騙案四：
無本生利 資產套現大法

其實，大股東想從上市公司拿錢出來有很多方法，最簡單就是大股東找一個人頭向上市公司借錢。當上市公司的主營業務不是金融借貸服務，而在「其他應收款」的附註中，突然看到「應收貸款」一項，加上金額也相對較大，借貸的條件也比較寬鬆，條款也與市面上不同，例如不是每月還息，而是每季或每年還息，就要打醒十二分精神。

可換股貸款 大股東狂抽水

其實根據《上市條例》第13.13條和第13.15條，如上市公司借出的貸款佔資產比率超逾8%，上市公司必須在合理切實可行的情況下盡快公布有關貸款的詳情，包括結欠的詳情、產生有關款項的事件或交易之性質、債務人集團的身份、利率、償還條款以及抵押品等。如果投資者見到這些披露的時候，不妨詳細了解一下借款人的背景和結構性質，看看這筆貸款是否「真」借貸。

可是，這種掏錢的方式有一個問題，就是大股東最終也需要把錢還給公司。否則這些貸款只能作壞帳撥備，但因大額壞帳撥備需要作披露，所以這樣做法未免太過顯眼。

所以，大股東另一較高明的抽水方法，就是公司利用可換股貸款，從大股東以高價購入資產。這裡有3種做法：

(1)向獨立第三方發行可換股債券，再把收回來的現金向大股東購買資產。因為借貸方是上市公司，而非大股東，所以還款責任就由上市公司負責，而大股東就袋袋平安了！

(2)向大股東發行可換股債券，以可換股債券作代價購買大股東資產。這個做法有兩種好處，第一，大股東可以收本金之餘，又

可以收取利息；第二，大股東可以直接把貸款轉成股票，攤薄小股東的股權，同時加大自己的控股權，又可以有一些多出來的股票向證券公司做孖展。

(3) 最好的方法就是混合現金和可換股債券的方法，因為現金部分可以即時收取，而可換股債券就可以根據大股東自己的需求，決定是否轉換成股票。當自己的控股權地位受到挑戰時，大股東可以行使換股權，保障自己的控股地位，否則等債券到期收回金錢也可。

如果上市公司向大股東購買的是劣質資產，大股東當然大可以撒手不管，但如果大股東對這項資產仍有興趣，當所有金錢收回後，保留一些現金，過多幾年，上市公司又可以把這資產以一些似是而非的理由，賤價售回大股東。這樣大股東就可以用從上市公司拿來的錢買回這項資產。這樣一來一回，大股東可以從上市公司掏了一筆錢，但資產仍然保留在自己手上，簡直是和味！不過，此類型的關連交易，操作時也要過五關、斬六將，才可順利進行呢。

最令人防不勝防的是，小薯以上說了這麼多陷阱，基本上都是合法做得到，問題是要多大的成本、時間和容不容易進行。而且，上文所說的，都是最基本、最容易被發現的方法，實際上有更多的方法達至以上效果，而又能神不知鬼不覺！

案例分析：
「中國星巴克」造假案

在 2019 年於美國上市的瑞幸咖啡，前排自爆帳目造假，執筆日當天連 2019 年年報還未出來。小薯只飲過數次瑞幸的咖啡，老實說不太好喝，平就是真的！當學術研究也好，當小薯馬後炮也好，小薯沒有仔細看瑞幸的招股書，也沒有看季報，就只看財經網站了解瑞幸咖啡的財務資料匯總，跟大家分析一下瑞幸咖啡的造假是否有跡可尋。小薯對這些案例是很有興趣的，因為造假其實涉及很高深的會計手法，讓小薯得益不淺，也能借「假」鑒「真」，避開不少陷阱。

圖 4—9 瑞幸利潤表

百萬元人民幣	2018年	2019年		
	全年	第一季	第二季	第三季
收入	841	479	909	1,542
店租及其他營業費用	(576)	(276)	(371)	(477)
原料成本	(532)	(282)	(466)	(721)
毛利	(267)	(79)	72	344
毛利率	(32%)	(16%)	8%	22%
折舊	(107)	(84)	(88)	(109)
純利	(1,619)	(551)	(681)	(532)

小薯分析：

(1)銷售額走勢凌厲，第二季、第三季分別有90%和70%的按季增幅，累計起來短短6個月，銷售額就增加了2倍有多！賣咖啡能賣出3倍銷售，一是量加、一是價加，但在小薯印象中，瑞幸依然是以高折扣出售，這個留待後面再看。

(2)毛利走勢是跟著營業額走，但是毛利率變化超大，短短3季能由2018年的 - 32%提升至2019年第三季的22%？有沒有可能？如果是真的，那在小薯眼中，餐飲業就是暴利行業了！雖然瑞幸於2019年踏入茶飲市場，但小薯的直覺上茶飲的競爭比咖啡更加激烈，標準化比咖啡更低。賣茶飲的毛利率比咖啡高，甚至拉高整體毛利率，小薯真的是想不通的。

(3)做餐飲的成本通常有一定比例，相信不會在短短三季內成本結構有大幅變化，看看成本的分布，原料成本佔收入比率由2018年的63%跌到2019年第三季的47%，小薯退五十步想，因為銷售額加大，所以就大量購貨而有巨額折扣，用規模效應來解釋，但成本能否因此而減少這麼多，小薯也是有不少疑問。

(4)店租及其他營業費用（包括人工）佔收入比率由2018年的68%跌到2019年第三季的31%。這個有沒有可能？既然銷售倍增了3倍有多，肯定要多些分店和人手才能滿足到這麼多的銷量，不可能在短短3季就下跌那麼多吧！

(5)純利變幅跟毛利及營業額變幅有些背馳，當中原因要再深入了解。

(6)純利基本上是負數，一間沒有錢賺的公司能生存嗎？

圖4—10 瑞幸資產負債表

百萬元人民幣	2018年 全年	2019年 第一季	第二季	第三季
現金	1,761	1,159	6,051	5,544
應收貿易款	341	248	7	23
存貨	150	189	232	213
固定資產	905	966	1,064	1,238
總資產	3,485	8,029	8,161	8,029
應付貿易款	420	357	259	352
應計費用	111	114	591	864
總負債	1,134	1,595	1,339	1,595

小薯分析：

(1)固定資產跟折舊的變幅差不多，表面上是正常的。

(2)應收貿易款在上市後突然能夠歸「零」，當中原因要再深入了解才行。是會計制度問題，還是改變了信用政策？

(3)存貨變化不大，即使公司的存貨政策做得多好，銷售額大增，理論上也要多些存貨緩衝吧！原料成本隨銷售額大增，但存貨變化不大，意味著存貨周轉天數正大幅下降（作為功課，各位讀者不妨自己算一下）。小薯見識少，暫時未找到一間公司在季度收入按季倍增、門店數量不斷擴張、商品品類不斷增加的情況下，但存貨幾乎沒有變化。

(4)同樣，應付貿易款也沒有大增，當企業做大，因為貨款增加，理論上應付貿易款也會變大吧！除非這間公司大發慈悲，往往在季結前清繳欠款，但小薯相信很少公司會這樣做。

(5)應計費用在2019年第二季暴升，估計是上市費用所致。

圖4—11 瑞幸現金流量表

百萬元人民幣	2018年 全年	2019年		
		第一季	第二季	第三季
經營現金流	(1,619)	(628)	(375)	(12)
購買固定資產 *1	(1,284)	(200)	(226)	(338)

*1 小薯找不到瑞幸第二季的Forms 424B1、424B3，沒有提供購買固定資產的細項數據，所以根據第一季和第三季的資料估計出來。

小薯分析：

(1)經營現金流的走勢雖與毛利走勢一致，但純利卻未見一致。須知道經營現金流是稅前利潤，即是純利（註：瑞幸咖啡表因為一直是虧損，所以不用交稅），所以理論上應與純利走勢相近，加上銷售增長同時，應收帳款和存貨相對地減少，所以需要深入了解有沒有操控利潤的可能。

(2)不過，看清楚一點，如果經營現金流的走勢與毛利走勢一致，即是公司是賣一單賺一單的，經營現金流理應不會這麼差吧？也不會有人說瑞幸是以「燒錢」開拓市場呢！

看以上3張報表，小薯有些不解的地方，一來有些數字是Too good to be true，二來數字上跟小薯一直所理解的商業常理有相違背（當然也可以說小薯見識少），所以小薯再多看少少營運數據。

圖4—12 瑞幸營運數據

百萬元人民幣	2019年		
	第一季	第二季	第三季
期末店舖數量	2,370	2,963	3,680
月平均銷售量（百萬項目）	16.3	27.6	44.2
月平均客戶數量（百萬人）	4.4	6.2	9.3
月平均每項目消費（元人民幣）*1	9.8	11.0	11.6
月平均每個客戶消費（元人民幣）*2	36.3	48.9	55.3
月平均每店舖服務客戶數量（個）*3	1,857	2,325	2,800
月平均每店舖處理項目數量（個）*4	6,878	10,351	13,307

*1 估算月平均每項目消費（元人民幣）＝收入／3個月／月平均銷售量

*2 估算月平均每個客戶消費（元人民幣）＝收入／3個月／月平均客戶數量

*3 估算月平均每店舖服務客戶數量＝月平均客戶數量／（季初店舖數量＋季末店舖數量）／2

*4 估算月平均每店舖處理項目數量＝月平均銷售量／（季初店舖數量＋季末店舖數量）／2

小薯分析：

(1) 看管理層提供的平均月銷售量和平均月客戶數量，6個月有超過1倍的增長，看似與銷售額增長3倍很合理。可是，當一個集團持續擴張，通常會壓抑單店收入。因為新店需要時間發展去提升銷售效率，所以擴張期的平均單店收入通常不會大幅增長，除非原有店舖的收入大幅提升，甚至抵消了新店的發展期時的開發效應。

(2) 看店租及其他營業費用的增幅，也跟管理層提供的店舖數量好像匹配得上。不過，想清楚上述金額是包括人工，升幅又感覺上又好像少了些。

(3) 再深入看，數據意味著月平均每店舖服務客戶數量每季也有雙位數增幅。另外，以處理項目數量看，也達高雙位數增長。在這個情況下，商業常理上看，每店舖的人手配置理應有所增加，那才能滿足到增加的客量而又不減低質素。可是，從 (2) 的分析，又與情況不太符合，那這個「量」升，數據上是否合理？

(4) 看看價錢，月平均每項目消費升幅半年內只是增長大約20%，如果瑞幸減少折扣從而提升了單價，看似是合理的。可是，以小薯理解瑞幸的銷售策略，又好像有些問題。同時，消費者一直享受著打折的優惠，現在減少折扣、派少些免費券，消費者反而買多了，跟小薯一直理解的人性有違背吧！

綜合以上，看數據小薯是不能確認瑞幸有否造假，但是有些 Too good to be true 的感覺，也有不少小薯心裡解不開的謎團，加上現金流也跟數據有些矛盾。即使瑞幸沒有造假，只是根據小薯對瑞幸的營運方式分析，小薯應該短期內也不會投資瑞幸。

小薯在2019年10月1日分析 Thomas Cook 死因時提過，我們分析起碼要讀懂基本的財務報表。當你讀懂了財務報表，下一步就是看管理層數據。可是管理層大部分時間都是報喜不報憂，所以看年報時，就要好像推理一樣，仔細推論，驗證管理層數據是否跟財務報表的數據一致、是否合理。其實，上述分析，小薯沒有深入研究瑞幸的招股書或季報，只是先花半個小時拼湊公司的財務狀況，初步了解公司的財務情況，再花多半個小時去找一些有意思的管理層數據，就得出結論。

的確，小薯可能因為多疑而錯失了一些好的投資機會，但起碼小薯不會因錯誤投資了一些「有問題」的公司而損失金錢。錢是賺不盡，但虧了要追回就難很多了！

財務比率

解透

Equity share
Current year   1,774,576
Comprehensive income   15,897
Issue of share capital   88,905

巴菲特作為價值投資者的老大哥,他經常強調一件事,就是應該投資在賺錢效率高的公司。小薯經常聽到一個說法,就是如果股神巴菲特只能用一個指標選股,毫無疑問會選股本回報率(ROE)(不過小薯也不清楚出處)。

Cash flow statement

5.1 股本回報率（ROE）

在買股票時，小薯相信不少人會看股價的高低（而不是平貴，須知道股價高不一定是貴，股價低也不一定是便宜）或者股價圖，有些就會睇市盈率（PE）及股息率，認為低PE、高股息率便可以睇高一線，卻忽略了其他重要的基本分析數據。即使會做基本分析的，也往往會看每股盈利（Earnings per shares/EPS）和EPS的增長。因為公司有錢賺，當然是好事啦，而這個想法也是有錯。

不過，上文也說了，如果股神巴菲特只能用一個指標選股，毫無疑問會選ROE，而不是EPS！在巴菲特《給股東的信》中，其實小薯不太看到巴菲特曾經有談過任何明確的數字或門檻值（如果讀者見到巴菲特曾在哪裡提及明確的門檻，請告訴小薯），看巴菲特過去的言論，也看得出他自己的選股也並非單單依循著高ROE的原則。當然，巴菲特的確有強調我們是應該投資在賺錢效率高的公司，而ROE就是評估賺錢效率的工具。

ROE其實就是股東權益報酬率或股本回報率，英文是Return on Equity或者Return on Shareholders' Fund。這個比率，量度了股東投入的資本可獲得多少報酬，所以可以衡量公司經營效率。ROE愈高，代表公司經營效率愈好，愈能利用股東的資金帶來較高的回報。

在計算上，股東權益報酬率(ROE)＝稅後盈餘／股東權益，這裡小薯舉一個簡單的例子：

A公司的股東權益$100元，今年獲利$20元，即是ROE 20%

B公司的股東權益$1,000元，今年獲利$50元，即是ROE 5%

可以看出A公司有ROE 20%，運用資本的效率比ROE 5%的B公司好，意味著A公司用較少的資金，就能產生跟B公司一樣的利潤。

既然ROE反映公司的賺錢能力，我們當然是期望公司的賺錢能力長久且穩定地高，悶聲發大財，忽高忽低不是一件好事。這跟我們投資的回報一樣，如果這時還有疑問，請你再讀多一次第1.2章《保本是硬道理》。

如果我們看ROE能連續數年以上大於12%，那表現上看起來是一間好公司，可ROE同時也不能忽高忽低，例如過去10年中，一年25%、一年2%、一年12%、突然又升回20%。理論上公司若處於一個良好的營運環境、有良好的生意模式，ROE也是相對平穩，甚至穩步上升。這種忽高忽低的格局，意味著一是生意模式本身有缺陷而不能維持它的競爭優勢，二是公司所處的行業營運環境是十分波動的，兩者也無形中為投資者帶來風險。因此，這種ROE忽高忽低的公司也算不上是優質。

當然，有些公司一直以來ROE也是挺高的，不過開始呈下跌趨勢。老實說，不管是大藍籌或增長股，總會有些時間遇到逆風，ROE有一至兩年低於平常水準（例如現時的零售業）。投資者不妨繼續觀察多3至4年，因為當公司遇上逆風，反彈回復也需要兩三年的時間。如果經過多幾年的觀察，公司的ROE繼續向下跌，又沒有解決方案，那很可能你當初買入的原因已不復存在，那是時候忍痛割愛了！

杜邦分析法

小薯雖然目標為本，但也要知道如何達到目標才行。因此每當小薯觀察到一個結果時，也習慣地想了解達到這個果的因。知

年報解密——揭露公司價值真相

道成就高ROE的因，就能評估公司是否真的高ROE。故此，如果我們想要找到高ROE，那我們就要知道如何達至高ROE。我們可以利用杜邦分析法（DuPont analysis），將ROE拆解為幾部分：

ROE＝淨收益／股東權益

杜邦分析法就把以上分為3部分，並得出以下公式：

ROE

＝**利潤率 × 資產周轉率 × 權益乘數**

＝**（淨利潤／營業收入）×（營業收入／資產）×（資產／股東權益）**

再把以上公式展開，就可將股本回報率分為5部分。

ROE ＝（淨利潤/稅前利潤）
×（稅前利潤/息前稅前利潤）
×（息前稅前利潤/營業收入）
×（營業收入/總資產）×（總資產/股東權益）

以上就是帶動ROE增長的五大要素，假若所有條件不變，上述其中一項增長就能帶動ROE上升。故此，我們找尋高ROE的公司是基本，能找尋一家可以持續帶來高ROE才是重點，而能夠理解帶來高ROE動力的因素，對我們評估公司的增長來源，關係重大！下文為大家逐一拆解。

5.2

動力一：
淨利潤／稅前利潤

前財政司司長唐英年曾經引述一名言：「人生中有兩樣東西必然發生的，就是死亡與交稅。」跟人不一樣，公司營運得好，做好傳承，就能千秋萬載，永續生存，但交稅還是免不了的。

公司有利潤，就要交利得稅。而淨收入跟稅前收入兩者相差的，就是稅金。所以，ROE動力一：淨利潤／稅前利潤這個比率，也有人稱為稅收負擔比率（Tax Burden Ratio）。這比率顯示了扣除利得稅後剩餘的利潤與稅前收益（EBT）比例。稅收負擔實際上等於1減去稅率，所以這個比率實際是公司的可支配利潤比率。高稅收負擔，意味著公司將保留更多的稅前利潤，這將導致較高的淨資產收益率，反之亦然。

留意不用付稅的利潤

管理層會用財技呃小股東錢，但絕不會呃稅局，因為逃稅不單有機會被罰款、有實際金錢損失，還可能面對刑責。也因為利得稅是政府主要收入來源，所以也會盯緊，故此公司交給政府的財務報表肯定比年報所示，真實很多。

既然1－稅收負擔比率＝公司的有效稅率，我們就能通過這個比率來檢查公司的利潤有沒有水分。

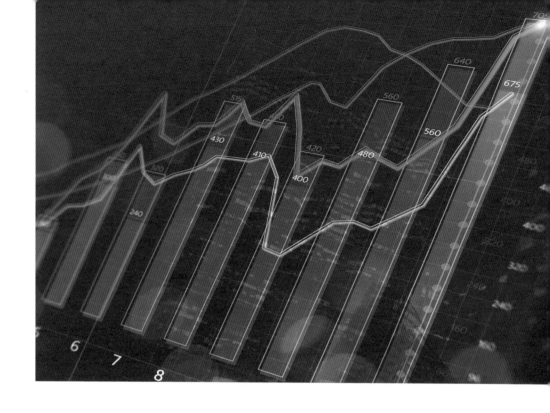

例如，有一家以中國為營運基地的公司，有利潤，理論上有效稅率是25%，但公司只交5%稅。除非公司管理層有天大的面子，跟政府很十分友好，政府願意特別優待、給予此公司一個很低的稅率，又或者公司的稅務規劃做得很好，能有效降低稅負，否則可能是公司誇大的某些利潤！正因為不是實際的利潤部分，所以不用交稅而已。

所以，當見到公司的有效稅率跟政府的標準稅率有很大差異的時候，投資者最好去了解一下發生甚麼事。例如公司有很大量的公允價值增加這類不用付稅的利潤，就會造成這樣的差異。

分析跨國企業 需留意各國稅率不同

不過，有些跨國企業，因為業務遍及多個國家，而不同國家，其利得稅率也大不同，所以分析這類跨國企業時，要留意其多年的稅率相比是否大上大落，還是趨於穩定。以 Apple 為例：

圖 5—1 Apple 的有效稅率

A reconciliation of the provision for income taxes, with the amount computed by applying the statutory federal income tax rate (24.5% in 2018; 35% in 2017 and 2016) to income before provision for income taxes for 2018, 2017 and 2016, is as follows (dollars in millions):

	2018	2017	2016
Computed expected tax	$ 17,890	$ 22,431	$ 21,480
State taxes, net of federal effect	271	185	553
Impacts of the Act	1,515	—	—
Earnings of foreign subsidiaries	(5,606)	(6,135)	(5,582)
Domestic production activities deduction	(195)	(209)	(382)
Research and development credit, net	(560)	(678)	(371)
Other	57	144	(13)
Provision for income taxes	$ 13,372	$ 15,738	$ 15,685
Effective tax rate	18.3%	24.6%	25.6%

The Company's income taxes payable have been reduced by the tax benefits from employee stock plan awards. For restricted stock units ("RSUs"), the Company receives an income tax benefit upon the award's vesting equal to the tax effect of the underlying stock's fair market value. Prior to adopting ASU 2016-09 in the first quarter of 2018, the Company reflected net excess tax benefits from equity awards as increases to additional paid-in capital, which amounted to $620 million and $379 million in 2017 and 2016, respectively. Refer to Note 1, "Summary of Significant Accounting Policies" for more information.

資料來源：Apple 截至 2018 年 9 月 29 日的 Form 10-K

以上是 Apple 的 10-K 表，有一項叫做 Tax reconciliation statement （稅項對帳表），讓投資者了解到會計的稅務支出和法定稅務支出的差異來源。美國的法定稅率於 2016 年、2017 年為 35%，2018 年為 24.5%，大家會看到 Apple 能付較低的有效稅率，是因為它有一些境外收入，付的稅率比美國的法定稅率為低，這是跨國企業常見的事項，而 Apple 的有效稅率，與美國的法定稅率相比的差額也是穩定的。

其實，上述稅項開支與除稅前溢利對帳，也會在香港的上市公司年報裡作為附註出現，主要解釋以法定數計算出來的稅務支出，跟會計的稅務支出的分別，不過所涉及的理論太深，這裡就略過不談，有機會小薯再跟大家分享。

圖5—2 福壽園稅項開支

於截至二零一八年及二零一七年十二月三十一日止年度稅項開支與除稅前溢利對賬如下：

	二零一八年 人民幣千元	二零一七年 人民幣千元
除稅前溢利	774,773	684,784
按中國企業所得稅稅率25%（二零一七年：25%）計算的稅項	193,693	171,196
不可扣稅開支的稅務影響	10,562	5,494
毋須就稅務目的繳稅的收入的稅務影響	(13,205)	(6,015)
不同稅率的稅務影響	(888)	(2,389)
未確認稅項虧損的稅務影響	8,189	2,361
未確認境外實體虧損的稅務影響	10,334	14,561
動用先前未確認的稅項虧損	(5,633)	(5,208)
已行使購股權的稅項減免（附註）	(38,019)	(31,328)
過往年度超額撥備	(5,893)	(14,061)
年內所得稅開支	159,140	134,611

資料來源：福壽園2018年年報

最後，這個比率能讓我們了解到，公司的利潤如何分配到股東和政府手上。作為股東，當然希望分給政府的利潤愈少愈好啦！

動力二：
稅前利潤／息前稅前利潤

如果大家記得第二章提及的公式「資產＝負債＋所有者權益」，就應清楚明白，公司的資本來源其實不外乎股權資本和債權資本。公司如果是信用良好的債仔，當然要定期支付利息給債主。

固定利息會否造成負擔？

稅前收入跟息前稅前盈餘兩者雙差的，其實就是利息。而ROE動力二：稅前利潤／息前稅前利潤（EBT／EBIT），這比率主要看公司的固定利息負擔是重還是不重。它顯示了扣除利息費用後，剩餘的利潤佔息前稅前利潤的百分比。如果這個比率等於1，意味公司沒有帶息負債。EBT／EBIT愈高，意味公司的利息費用愈低，就較能實現較高的ROE。

所以，這個比率代表股東分派到利潤之前，要先給多少利潤予債主。如果帶息負債不變，這個利息數目幾乎不會多變，所以如果這個數目愈大，公司的利潤波動就會更大，就更難面對經濟下行風險。

同時，這個比率能讓我們了解到，公司的利潤如何分配到股權資本的提供者（即是股東）和債權資本的提供者（即是債主）手上。作為股東，當然希望分給債主的利潤愈少愈好啦！同時，固定分給債主的利潤愈少，股東就有更大的空間在經濟下行時守住自己的本錢，相反；因為分給債主的利潤是固定的，上行時，股東就能從債務中享受到更大的利潤。

這與我們小投資者用借錢買股票的理論一樣。假設我們有本金 $10萬元買騰訊（0700），以每股 $400元計，可以買250股。如果我們借 $50萬元（年利率2%），連 $10萬元本金，可以買1,500股。一年過後，騰訊每股升了 $20元至 $420元，沒有借貸下，我們回報就是 $20元×250股／$10萬元＝5%。在借了 $50萬元的情況下，回報就是：（$20×1,500股－$50萬×2%）／$10萬元＝20%。相反，如果騰訊每股跌了 $20元至 $380元，虧損就是：（－$20×1,500股－$50萬×2%）／$10萬元＝－40%了！

動力三：
息前稅前利潤/營業收入

如上文所述，其實分配到股東的利潤，會受分給政府和債主的利潤而有所影響。故此，ROE動力三：息前稅前利潤／營業收入，就可正確評估公司的盈利能力。有時候不同公司的股東，分到的利潤金額即使相同，也不代表這些公司的質素是一樣的。我們就通過以下4間公司的營運例子來解釋一下：

圖 5—5 4間公司的淨利潤相同

千美元	A公司	B公司	C公司	D公司
營運國家	國家 A	國家 A	國家 B	國家 B
營業收入	500,000	500,000	500,000	300,000
息前稅前利潤	149,800	119,800	163,300	133,300
利息支出	(30,000)	–	(30,000)	–
稅前利潤	119,800	119,800	133,300	133,300
稅務支出	(19,800)	(19,800)	(33,300)	(33,300)
淨利潤	100,000	100,000	100,000	100,000

比率愈高 盈利能力愈高

4間公司都是處於同一個行業，而且都有淨利潤$1億美元。因為A公司跟B公司是在稅務天堂國家A營運，所以他們需要分

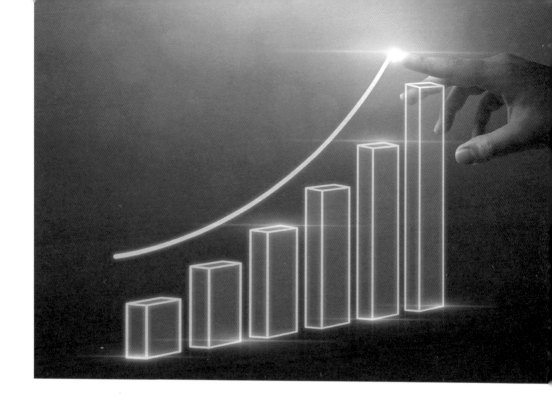

給政府的利潤較少;相反,C公司跟D公司則在高負稅地區國家B營運。從圖5—5可看出,即使4間公司都有淨利潤$1億美元,但明顯D公司是最具效率,因為D公司能用較少的成本賺取較高的回報。

這個比率就能讓我們不受到公司所在的稅務規則所影響,正確評估公司的盈利能力!這個比率愈高,代表公司在目前的資本架構下,公司的盈利能力愈高。如果公司能做一些稅務規劃,那公司的最終淨利潤,就能有效提高。

動力四：
營業收入/總資產

要知道一間公司能夠多麼有效地利用其資產來產生銷售，就可以計算ROE動力四：營業收入／總資產的比率。這個比率也叫資產周轉率，是一種評估公司資產運用情況的比率，表達公司經營期間資產從投入到產出的流轉速度。

換句話說，資產周轉率計算淨營業收入佔資產的百分比，顯示每一元公司資產能產生多少營業收入。例如，比率為50%，表示每$1元資產就能產生出$0.5元的營業收入。

既然這個比率是衡量公司使用其資產產生銷售的效率，當然比率愈高愈好。更高的周轉率，意味著公司更有效地利用其資產；較低的比率，則表示該公司沒有有效地使用其資產，可能存在管理或生產問題。

需參考同業比率 不同行業沒可比性

分析時，與大多數比率一樣，也是基於行業標準的。某些行業比其他行業可以更有效地使用其資產。為了真正了解公司資產

的使用情況，必須將其與行業中的其他公司比較。當然，同時也可以與公司過往年度比較。

可是，當運用這個比率時，有兩點需要注意：

(1) 分母中的資產是指公司的總資產，包括流動資產、長期股權投資、固定資產、無形資產、遞延稅務資產等。大家也會明白，不是所有資產都能產生銷售，例如長期股權投資和遞延稅務資產等，並不能帶來營業收入。故此，不同公司的資產組成不同，分母口徑不一致，也會導致這指標在每個時點和不同企業之間，因資產結構的不同而失去可比性。

(2) 既然分母是總資產，如果公司想提高這個比率，只要當期把一些資產進行減值，賣掉一些資產，就可造成資產周轉率突然上升的假象。

為了解決上面（1）的問題，投資者可能只抽取特定的資產，例如固定資產和流動資產，去計算資產周轉率。分母雖然不同，但理解上都是大同小異。

動力五：
總資產／股東權益

總資產／股東權益這個比率，稱作權益乘數，為ROE最後一項動力，表示企業的負債程度，衡量由股東資助的公司資產的數量。換句話說，權益乘數顯示了股東資助或欠下的資產的百分比，相反，該比率也表明用於獲取資產和維持營運的融資水準。

權益乘數愈大，公司負債程度愈高，即是更多的資產是通過債務而不是由股東來籌集資金。

如同所有流動性比率和財務槓桿比率，權益乘數表明公司對債權人的風險。過於依賴債務融資的公司，將承擔較高的債務償還成本，並且將要籌集更多的現金流量，以支付其營運和債務。換句話說，稅前利潤／息前稅前利潤這個比率也會降低。

比率愈低 不等於愈好

當公司的資產主要由債務提供資金時，該公司被認為具有很高的槓桿作用，對投資者和債權人的風險更大，原因在第5.3章《動力二：稅前利潤／息前稅前利潤》解釋過。雖然傳統認為較

低的乘數比率，比高乘數比率更保守和更有利，因為比率較低的公司較少依賴債務融資，並且沒有較高的償債成本。

可是，適當的借貸不但能槓桿公司的利潤，借貸的利息也可作扣稅，所以我們不能一味追求低的乘數比率，反而是應該對比同業，找尋有適當的乘數比率，同時又不危及其財務安全的公司。

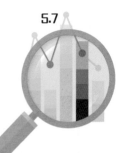

ROE選股大法

花了整整6節去解釋ROE，以及提升ROE的動力，那如何實際運用到選股上呢？在實際選股時，小薯看過一位財經書籍作家的訪問，她的選股條件很嚴苛，ROE必須連續10年以上大於15%才算是好公司（15%也是經常聽到的門檻值），甚至要ROE不能忽高忽低、ROE年與年間波幅太大的股票也會被直接刪掉。當然，在嚴苛的條件下，要出事很困難，同時也會錯失了不少機會。

因此，平衡上述選錯股票而出事的風險和錯失了機會的機會成本後，小薯給予公司的第一個關卡是必須主板上市，以及：

(1) 最近一個財年的ROE為12%以上；及

(2)ROE要連續5年維持在12%以上；或

(3) 過去4年的平均ROE要達12%以上。

ROE只是第一個關卡

因為在這個資本泛濫而資訊極度流通的年代，要有高回報已較以往難，加上因為環球經濟問題，要連續5年ROE達12%以上其實極具難度。某一年ROE如果少於12%，小薯也會看一看原因，例如好像2008年金融海嘯或2020年初的新冠肺炎疫情，當市況也一片狼藉時，公司仍能維持高ROE，而商業模式上又解釋不了，小薯反而有些害怕。

其實，截至2020年3月，在香港主板上市的公司有2,096間，單單以(1)的標準，也刪掉四分之三的公司，只餘下540間左右，如果真的用15%作門檻值，更只餘下390間左右。如果再加上(2)或(3)的標準，你需要再進一步了解的公司就更少。

不過，其實ROE只是第一個關卡，如果你再套用其他自設的選股標準，例如正EPS、EPS增長率、負債比率等，真的需要進一步了解的公司其實少之又少。

同時，我們也不是盲目信奉高ROE，因為以小薯經驗所得，ROE極高或極低的股票，常常都有一些特殊情況。如果大家再重新複習ROE五大動力，其實ROE也是有他的盲點。因此，如果讀者單單用ROE選股，就要留意以下事項：

(1) 一次性收益

在第3.6章《主線索二：全面收益表》提及，公司的利潤可以來自一次性的非經常性項目，例如出售資產。這些一次性的項目通常金額很大，但大部分都無法延續，這樣就很容易推高當年的ROE，但實際上並不代表公司長久的核心獲利能力提升。相反，當年也有可能出現一次性的虧損，例如出售虧本的業務，令利潤無可避免地拉低，變相推低當年的ROE。

出現這些情況，我們必須要小心分析。例如上述說出售優質資產能大幅提高當年ROE，但之後公司的賺錢能力就會大為下降，這不是一件好事。相反，出現了虧本業務引致虧損，雖然當年的ROE會下降，但長遠對公司卻是好事。

因此，我們運用ROE時，謹記要用核心利潤來分析，同時也要了解高ROE的原因！

(2) 財務槓桿

ROE有一個問題，就是不考慮負債帶來的風險。在第5.6章《動力五：總資產／股東權益》也說了槓桿是一個提升ROE的方法。如果公司提高槓桿，借錢來增加資產，再拉動盈餘，這時候ROE就會上升，但公司的經營風險也會提高。負債多的股票在上升週期可能獲利更多，但在下降週期、經濟不好時，也會非常危險。當你發現ROE比去年提升時，一定要注意是來自獲利增加還是槓桿提高。

(3) 減低股東權益和保留溢利

大家看看以下例子，不知有沒有發現一些東西？

圖5—6 ROE例子

億元	2015年	2016年	2017年	2018年	2019年
核心利潤	100	100	100	100	100
減值	/	/	(90)	/	/
純利	100	100	10	100	100
股東權益	1,000	1,100	1,110	1,210	1,310
ROE	10.0%	9.1%	0.9%	8.3%	7.6%
如果沒有減值					
純利	100	100	100	100	100
股東權益	1,000	1,100	1,200	1,300	1,400
ROE	10.0%	9.1%	8.3%	7.7%	7.1%

上文說過一次性的虧損會推低當年的ROE，情況就好像圖5—6中的2017年。ROE下跌是因為利潤下跌，而客觀結果就會調低股東權益（相對沒有減值的情況）的金額。2018年就出現了一個奇蹟，即使核心利潤沒有增加，ROE也會相對增加。如果公司再狠心一點，配合時勢（例如2008年的金融海嘯）作一次大幅撇值至虧損，大幅減低股東權益，往後年度的ROE就會好看很多了！

相反，公司有時候需要保留資金，不派股息，客觀效果是會提高股東權益。如果這些資金沒有為公司創造出高於原本ROE的額外回報，ROE勢必好像2016年那樣下降，這也代表股東（被迫）把資金交給公司，但公司卻沒有好好運用。如果是這個情況，公司就不如回購或派股息算了！

巴郡就是一個好例子，巴菲特不太喜歡派股息的，一來因為美國要收股息稅，二來因為巴菲特認為把錢留在巴郡，能比股東自行投資帶來更高的回報，起碼回購巴郡自己比起派息的回報更高！

(4) 同業比較才有參考性

本章一開首就點出 ROE 是評估公司的賺錢效率，但是要注意比較同一行業內的公司，才有參考性。例如公用股前期投入的資本較大，而科創公司的資本投入較少，公用股在分母較大的情況下，ROE 肯定相對就較低，但我們不能因此就說公用股做得比科創公司差，只有跟同一行業的公司比較才能看得出優劣。可是，行業之間的 ROE 比較也說明了行業本身的賺錢能力。

初步篩選指標

經過上述討論和五大動力分析，大家應該能編制自己的初步篩選指標，例如：

(1) ROE 要連續 5 年維持在 12% 以上；或過去 4 年平均下來要達 12% 以上

目標是避免「一次性收益」的情況。

(2) 帶息負債對股東權益比 <100%

目標是避免「財務槓桿」的高槓桿風險，和檢視「動力五：總資產／股東權益」的實踐。

(3) EPS、毛利和純利連續5年增長

目標是避免「一次性收益」、和「減低股東權益和保留溢利」的兩個情況，和檢視「動力一」至「動力三」的實踐。

(4) 銷售連續5年增長

目標是檢視「動力四：營業收入／總資產」的實踐。

舉一個例子：

這是利亞零售（0831）的上述指標數據，看數據就值得我們才進入下一步的分析了！

圖5—7 利亞營運數據

千港元	2015年	2016年	2017年	2018年	2019年
營業總額	4,728,151	4,871,437	5,094,032	5,320,077	5,632,340
毛利	1,603,629	1,674,815	1,773,843	1,910,829	2,019,124
股東應佔溢利	159,178	139,627	150,311	183,203	207,574
每股盈利（港仙）	21.20	18.50	19.75	24.03	27.20
股東權益回報率	18.98%	17.24%	23.10%	26.52%	28.60%
帶息負債對股東權益	0%	0%	0%	0%	0%

每個投資者根據自己的實際情況，有自己的獨特篩選指標，例
如毛利率、每股派息等；和門檻值，例如：銷售增長要有5%以
上，ROE要15%以上，而不同類型的股票（收息股、增長股等）
指標又略有不同。小薯當然也有自己的特有指標。大家不妨自
己想想，訂立自己的篩選標準，由今天起一起創富！

第六章

估值工具
大拆解

從編輯了解，小薯BLOG的讀者應該比較喜歡看小薯的業績分析，特別是估值的部分。小薯也明白，因為小薯計算出一個估值後，大家可以根據這個估值去決定自己的買賣策略。不過，相信小薯BLOG的大部份讀者都不會只看到小薯計算出來的估值後，就決定買入或賣出一隻股票，而是會自己去研究，從小薯的計算中學習自行做自己的估值。

估值方法其實有很多種，每一個行業應該要用上不同的估值工具。另一位知名博客鍾記，所編著的《選股與估值──價值投資的得勝之道》中有詳細研究。小薯也曾經在BLOG中推薦過這本書，如果大家有興趣，可以去小薯BLOG看看簡介，再決定是否去書局買來看看。

說回估值，小薯也常跟讀者說一句，寧願模糊的準確，也不願精準的錯誤。因為準確地估高了少許，我們起碼有安全邊際保護；估低了少許，最後買不到，但不會蝕錢。最怕就是估了一個錯到離天萬丈的實數，而我們跟著那個實數買入，但又不知道錯，蝕了個冤大頭，就最不值了！

有時讀者交流，問起估值的問題，小薯通常會跟他們說，不如要由估值簡單的公司學起，即是以PE（市盈率）或PB（市帳率）做估值基礎的公司。

為甚麼PE和PB最簡單？除了PE和PB，還有甚麼估值工具？小薯在這一章先為大家一一拆解各種估值工具，之後才看小薯做的業績分析及估值吧。

以盈利
作估值基礎

以盈利出發的估值乘數常見的有以下3種，包括：

(1) 市盈率（Price to Earnings ratio/PE）

(2) 市盈率相對盈利增長比率（PE to Growth ratio/PEG）

(3) 企業價值乘數（EV/EBITDA）

市盈率

＝每股股價 ÷ 每股盈利（EPS）

這個代表你付 $1 元的股價，公司要多少年的盈餘才能付回給你，換句話說，就是你的投資回本期。如果按已公布的上年度每股盈利（EPS）計算，稱為歷史市盈率；若是按市場對 EPS 的預估值計算，則稱為預測市盈率。

例如，你用 $103 元買入舜宇光學（2382），舜宇 EPS 是 $3.6 元人民幣（約 $3.9 港元），那 PE ＝ $103／$3.9 ＝ 26.4，即是如果你用 $103 元買入舜宇，那只要舜宇賺 26 年的 $3.9 元，你就能回本了。通常我們用 PE 估值，都會用核心業務的 EPS 的預估值計算。

市盈率相對盈利增長比率

＝市盈率÷盈利增長速度

市盈率通常會用到預測市盈率，而盈利增長速度通常是通過盈利增長速度，考察未來一段時期內公司的增長預期。

再用上一個例子，舜宇的PE是26，如果盈利增長率是26%，那PEG＝26／26＝1。當PEG等於1時，表明市場賦予這隻股票的股價已充分反映其未來業績的成長性。如果PEG大於1，要麼這隻股票可能被高估，或市場認為這家公司的業績成長性會高於市場的預期。相反，PEG小於1，要麼市場低估了這隻股票的成長價值，或是市場認為其業績成長性可能比預期的要差。

通常我們用PEG估值，我們會用公司未來3至5年的每股盈利複合增長率，而不能只用未來12個月的盈利預測。

企業價值乘數

＝企業價值÷稅息折舊及攤銷前利潤（EBITDA）

企業價值（EV）是較難掌握的概念，不是單指公司市值。如果說騰訊（0700）今天股價是 $360元，股票市值 $34,352億元，所以企業價值就是 $34,352億元，這說法其實是很表面。

我們可以用以下「買起騰訊」的魔幻情境，說明企業價值的含意：

假設馬總現在100%全權擁有騰訊，你今天如果一擲千金，豪氣以市值$34,352億元向馬總買起騰訊，騰訊就算是你擁有嗎？記得這條公式「資產＝負債＋所有者權益」嗎？你用$34,352億元買的，其實只是買了騰訊的「所有者權益」，你還要承擔騰訊的負債（假設是$8,000億元）。那除了上述的$34,352億元，你還要多拿$8,000億元出來，把債務還清，才算是買起騰訊所有資產，真正擁有整間騰訊。

當然你用$42,352億元買下的騰訊資產當中，有一部分是現金（假設是$130億元好了），你用現金買現金幹甚麼？做生意的，就把這部分抵掉吧！你付少$130億元給馬總，但就先把公司的$130億元分給馬總。最後馬總從公司（$130億元）和你（$34,222億元）手上共拿到$34,352億元，你前期就不用準備$130億元去買那$130億元（想一下你是用孖展買起騰訊，借少$130億元，利息就付少些了），一家便宜兩家著！而你為了買起整間騰訊，就付了$34,222億元給馬總，加上$8,000億元給騰訊的債主，即共$42,222億元。因此，簡單來說，企業價值就是你買起整間公司，付清所有債務後，有權利且徹底拿到這間公司所有的現金流而毋須分給別人的代價。

EBITDA在第3.6章《主線索二：全面收益表》已經討論過，這裡就略過了。市場用EBITDA作分母，是因為它能夠代表經營現金流。如果EV／EBITDA＝24，就意味你用$42,222億元買入騰訊，騰訊賺24年的EBITDA，你就能回本了！在第3.6

章已經討論過，這裡就略過了！通常我們用EV／EBITDA估值，都會用核心業務的EBITDA的預估值計算。

涉及估計愈多 錯的機會愈大

其實以上三個倍數都牽涉是有一個回本期的概念，但涉及的知識都不一樣。

圖6—1 各種估值工具的客觀程度

數據	估值工具	客觀程度		
		最高	中度	最低
每股股價	PE、PEG、EV/EBITDA	✓		
EV	EV/EBITDA		✓	
預估EPS	PE、PEG			✓
預估EPS增長率	PEG			✓
預估EBITDA	EV/EBITDA			✓

各位看上表就會明白為何PE最易，因為每股股價是市場資料，是不用估計的，只需要預估EPS。PEG除了要預估EPS，還要預估EPS增長率。涉及估計愈多，錯的機會愈大。

EV雖然也基於每股股價，但要計算EV是一門學問，看不懂財務報表是很難計得到；EBITDA也是，如第3.6章《主線索二：全面收益表》提及，計算EBITDA已要一套方法，更何況還要做估值。既然EV有機會錯，EBITDA比EPS錯的機會更大，那初學者想用EV／EBITDA做估值是十分困難。

6.2

以帳面值作估值基礎

當市盈率著眼公司的賺錢能力和回本期，市帳率的焦點則在於公司的資產價值，或者再直接的說，公司資產的清算價值（即是公司執笠，把資產變賣後能取回的價值）。

以帳面值出發的估值乘數常見的有以下兩種，包括：

(1) 市帳率（Price to Book ratio/PB）

(2) 市價相對每股重估資產淨值（Price to Revalued Net Asset ratio）

市帳率

＝每股股價 ÷ 每股資產淨值

公司的資產淨值相當於財務狀況表上的總資產值，再減去總負債，有些人會再減去無形資產（特別是商譽）。每股資產淨值就是把資產淨值除以發行股數。

若市帳率數值大於 1，即是代表股價比公司帳面值高；若數值小於 1，則代表股價低於公司帳面值，股價相對便宜。一般來說，市帳率愈低，就代表股票估值愈低，較抵買。

市帳率經常會用來分析及評估擁有大量資產的公司，特別是銀行、地產等行業的公司。因為銀行股持有的大部分資產是金融資產，而地產商則持有物業、地皮等，有價有市。同時，這些行業的公司都擁有大量資產並靠這些資產賺錢。相反，傳統如製造業的公司，他們的廠房、機械很大部分都是為該公司特製的，很難用在別的地方，加上折舊，隨時無價無市，所以很少聽到有分析員用 PB 作為製造業的估值工具。

可是，這裡有3個問題：

(1)根據會計準則，除某些資產如投資物業、金融資產是以公允值入帳外（留意，是評估師或公司評定的公允值，不是市場價值），其他的資產大部分都是成本入帳。這些以成本入帳的資產，帳面上可能很值錢，但明天可能大貶值，甚至是無價無市的機械，那財務狀況表上的總資產值就可能被高估。相反，如果擁有大量現金、物業、地皮等，這些N年前買入的物業、地皮在今天可以升值了數倍，那總資產值就可能被低估了。

(2)同樣，負債也是成本入帳，不過隨時出現債仔惡過債主，把集團下某些公司清盤，又能避過一身債。有些甚至是會計制度

衍生的負債（例如界定福利計劃、遞延稅項負債，雖然能預視未來的支出，但卻未形成債務），那負債就可能存在高估的情況。

(3) 另外，有一些負債是沒有放到財務狀況表內。例如，在《香港財務報告準則》第16號於2019年生效之前，所有公司的租約未來所需要支付的租金，是沒有放在財務狀況表內，而是以一個獨立的項目「租賃承擔」的形式披露出來。可是，如果公司要繼續經營下去，理論上這筆租金也是要繼續付下去（或者即使公司斷約，也可能要負擔餘下年期的租金），所以實際上是公司的隱形債務。另外，還有一些公司會為其他人的債務作擔保，也只會披露在「或然負債」而不包含在財務狀況表內。如果被擔保人出現違約，公司就要代為負責他的債務，其實也是公司潛在負債。這些例子都意味著公司的負債可能存在被低估的情況。

正因為會計制度的某些缺陷，所以就出現了另外一個比率，就是市價相對每股重估資產淨值。

市價相對每股重估資產淨值

＝市盈率 ÷ 每股重估資產淨值

重估資產淨值其實就是把公司的資產重新評估一次，反映公司的淨資產現時的市值，最普遍的就是地產股。如上文所述，地產公司的地皮和物業都是在 N 年前以成本入帳，帳面價值肯定是遠低於市值，所以這些資產重估後才能更反映公司真正的價

值。當然，當我們把資產反映至它的實際價值，我們也應同時把被低估的負債一併考慮，才能反映公司的真正價值。

經過以上調整之後就是公司的重估資產淨值，把這個重估資產淨值除以發行股數，就是每股重估資產淨值。可是重估資產價值需要大量的專業知識，另外要了解哪些負債被低估又是另外一門學問，不懂獨特資產的估值方法，看不懂財務報表是很難做到的。

雖然理論上某一些行業最好用市價相對每股重估資產淨值的比率做估值，但是初學者在不知道如何計算的情況下，勉強去用這個工具來做估值，那倒不如用回PB估值，出錯的機會反而會更低。當然，也有一些專業機構會提供相關的比率市場共識給大眾（付費）參考。

案例一：
金沙估值計算
（EV/EBITDA 估值法）

根據金沙（1928）公布的2019年全年業績，2019年全年收益為$88.1億美元，較2018年增長約1.7%，與澳門整體博彩毛收入下跌同比3.4%相比，算是有些交代。全年經調整EBITDA為$31.9億美元（相等於約$248.7億港元），較2018年增長約3.7%。

圖6—2金沙各分部經調整物業EBITDA

| | 截至十二月三十一日止年度 | | |
	二零一九年	二零一八年 以百萬美元計	百分比變動
澳門威尼斯人	1,407	1,378	2.1%
金沙城中心	726	759	(4.3)%
澳門巴黎人	544	484	12.4%
澳門百利宮	345	262	31.7%
澳門金沙	175	178	(1.7)%
渡輪及其他業務	(4)	18	(122.2)%
經調整物業EBITDA總額	3,193	3,079	3.7%

資料來源：金沙2019年年報

金沙城中心跌幅特別厲害，是因為金沙正把金沙城中心翻新、擴建及重塑為一處新的綜合度假村目的地 — 澳門倫敦人，從而影響了金沙城中心的酒店和賭場收益。

就2020年的情況，相信大家都知道澳門要求所有賭場關閉以防控新型冠狀病毒，所以金沙也特意報告相關情況：

•「於2020年2月4日，澳門政府宣布於2020年2月5日暫停澳門的所有娛樂場業務，包括本集團的娛樂場業務。於2020年2月17日，澳門政府宣布澳門娛樂場業務於2020年2月20日恢復，包括本集團的娛樂場業務。」

•「若干旅遊限制現時仍然生效（其重大影響訪澳旅客的數目），例如有關前往澳門的中國個人遊計劃、港澳客輪碼頭關閉及其他對來自中國內地旅客的入境旅遊的限制。澳門特別行政區政府旅遊局披露，與2019年農曆新年同期相比，於2020年1月的農曆新年首7天，由中國內地前往澳門的訪客總數下降83%。」

•「由於該等狀況變化不定，本集團的綜合經營業績、現金流量及財務狀況將受到重大影響，惟無法於本公告刊發時合理估計有關影響。」

雖然受新型冠狀病毒影響，不過金沙管理層仍然有信心：「我們對日後發展充滿信心。隨著亞洲經濟發展、創富增長及對旅遊及娛樂的需求持續增加，我們將受惠於傲視同儕的投資及無可比擬的規模，擁有強勁的內部增長前景。」

以 EV/EBITDA 角度計算估值

· 發行股數：8,088,352,216

· 少數股東權益：$0美元

· 帶息負債：$56.08億美元（約$437.42億港元）

· 銀行結存：$24.86億美元（約$193.91億港元）

· 未發股息：$80.1億港元

· 假設2020年預測全年的調整EBITDA與2019年一樣，為 $31.9億美元（約$248.82億港元）

過往10年平均年末EV／EBITDA為17.1，中位數為15.3，經 評估後，保守估值合理EV／EBITDA為13～18（因為同時考 慮過往行業低谷的狀況）。

合理企業價值

＝ $248.82億港元 × 13～18

＝ $3,234億～$4,479億港元

合理市值

＝合理企業價值－少數股東權益－淨負債（即帶息負債＋未發股息－銀行結存）

＝$3,234億～$4,479億－$0－（$437.42億＋$80.1億－$193.91億）港元

＝$2,911億～$4,155億港元

合理價

＝合理市值／發行股數

＝$2,911億港元～$4,155億港元／8,088,352,216

＝$36～$51港元（較合理水準則$43港元以下，意味2020年2月28日收市價HK$36港元算是合理區域下限）

*以上文章執筆日為2020年3月2日，並作出一定程度的編輯，不代表金沙現時的情況或估價。以上純粹為學術討論用途。

6.4
案例二：
銀娛估值計算
(EV/EBITDA 估值法)

根據銀娛（0027）公布的2019年全年業績，銀娛全年淨收益為$519億元，按年下跌6%，經調整EBITDA按年下跌2%至$165億元。單看第四季，淨收益為$130億元，按年下跌8%，按季升2%，經調整EBITDA為$41億元，按年下跌6%，按季下跌1%。

當中三大賭場的全年經調整EBITDA情況：

• 「澳門銀河」全年為$126億元，按年下跌2%；第四季為$32億元，按年下跌6%，按季上升1%

• 澳門星際酒店全年為$35億元，按年下跌8%；第四季為$8億元，按年下跌12%，按季下跌6%

• 「澳門百老匯」全年為$3,900萬元（2018年全年：$3,200萬元）；第四季為$1,600萬元（2018年第四季：$800萬元）

博彩業務方面，按管理層基準計算的博彩收益總額按年下跌12%至$594億元。其中，每一個場區的業務數據如下：

圖6—3 銀娛博彩數據

博彩數據 [2] （百萬港元）	二零一八年	二零一九年
轉碼數 [3]	1,103,107	715,988
淨贏率 %	3.4%	3.9%
博彩收益	37,250	27,583
中場博彩投注額 [4]	119,657	121,879
淨贏率 %	23.0%	24.0%
博彩收益	27,487	29,260
角子機博彩投注額	72,461	67,942
淨贏率 %	3.4%	3.7%
博彩收益	2,476	2,513
博彩收益總額 [5]	67,213	59,356

資料來源：銀娛 2019 年年報

這個情況與行業一致，澳門2019年全年博彩收益總額為 $2,839 億元，按年下跌3%。2019年第四季度博彩收益總額為 $701 億元，按年下跌8%，按季上升2%。根據以上數據，小薯認為香港的運動對澳門沒有很大的影響。反而，最近的國際貿易氣氛緊張、中國經濟增速放慢及人民幣貶值卻影響旅客、特別中國內地旅客的情緒和消費習慣，影響了澳門的賭收。

其次是大家關注的新型冠狀病毒，管理層特別提到：

•「目前，我們仍未知疫情會持續多久，故此難以衡量事件對整體財務的影響。但我們要注意的是，若疫情持續時間延長，對2020年的財務業績及澳門的發展項目將有可能構成重大影響。」

・「我們對澳門，尤其是銀娛的長遠前景充滿信心……重新調配資源以達至最高及最佳效益。內地對休閒、旅遊需求殷切，銀娛已經做好準備，透過第三、四期項目這個澳門最大的發展藍圖，把握未來不斷增長的市場機遇。」

同時，銀娛管理層也提及，「中國與美國於 2020 年 1 月中簽訂貿易協議，令消費者對前景轉為樂觀。此外，澳門基建持續改善，特別是預計於 2020 年初啟用由珠海至橫琴的鐵路延線，將可與橫琴的入境大樓及已通車的輕軌路氹段連接，便利旅客往來澳門並在市內出行。然而，我們預計 2020 年仍然面對地緣政治及經濟的挑戰，可能影響消費者信心。」加上「若疫情持續時間延長，對 2020 年的財務業績及澳門的發展項目將有可能構成重大影響。」所以，我們作為小投資者，要密切留意以上因素對銀娛的影響，作出適切的決定。

以 EV/EBITDA 角度計算估值

・發行股數：4,334,826,255

・少數股東權益：$5.7 億元

・帶息負債：$6 億元

・銀行結存：$191 億元

・未發股息：$19億元

・2020年全年的調整EBITDA較2019年再下跌5.5%，為$156億元

過往5年年末EV／EBITDA為12～19，過往7年年末EV／EBITDA則是12～22，經評估後，保守估值合理EV／EBITDA為13～18（因為同時考慮過往行業低谷的狀況）。

合理企業價值

＝$156億元 x 13～18

＝$2,028億～$2,808億元

合理市值

＝合理企業價值 – 少數股東權益 – 淨負債（即帶息負債＋未發股息 – 銀行結存）

＝（$2,028億～$2,808億）- $5.7億 –（$6億＋$19億 – $191億）元

＝$2,188億～$2,968億元

合理價

＝合理市值／發行股數

＝ $2,188 億～$2,968 億元／4,334,826,255

＝ $50～$68 元（較合理水準則為 $59 元以下，意味以 2020 年 3 月 2 日收市價 HK$51.15，算是合理範圍下限）

*以上文章執筆日為 2020 年 3 月 3 日，並作出一定程度的編輯，不代表銀娛現時的情況或估價。以上純粹為學術討論用途。

6.5 案例三：
金界估值計算
（EV/EBITDA 估值法）

金界（3918）這間公司小薯追蹤了一段時間，初時小薯對這家賭業公司興趣不大，因為要買賭業公司，小薯大可買銀娛（0027）、金沙（1928），加上對柬埔寨認識不多，和金界在Naga 2落成之前，都只得NagaWorld一個博彩設施，所以只有間中留意一下。不過，這數年以倍計的回報，加上小薯現在對東南亞的情況熟悉了，所以就重新研究下。雖然沒有了倍計的回報，但「不投資不熟悉的」是小薯的鐵律，所以也沒有太多後悔。

根據金界公布的2019年全年業績，博彩總收入上升20%至$17.2億美元，而純利上升33%至$5.21億美元。娛樂場細分細項，業績寫到：

• 「大眾市場分部繼續取得穩健增長⋯⋯營業額增長乃由於柬埔寨的旅遊業增長推動Naga 1及Naga 2的訪客數目上升，尤其是來自中國的遊客⋯⋯」

• 「由於市場對於NagaWorld綜合設施作為綜合博彩及娛樂勝地更為接受，貴賓市場繼續錄得強勁增長。於本年度，若干仲

介人於 Naga 2 開展固定基地營運，為來自該區域的較高端貴賓賭客人數以及總泥碼的增長作出貢獻……此導致本年度貴賓市場收入增長 16% 至 $1,243,100,000 美元。」

圖6—4 金界主要業績

	二零一九年 千美元	二零一八年 千美元	增加 %
大眾市場：大廳賭桌			
一 按押籌碼	1,644,557	1,238,247	33
一 勝出率	19.4%	19.0%	
一 收入	318,315	235,712	35
大眾市場：電子博彩機			
一 投入金額	2,759,989	2,214,638	25
一 勝出率	8.8%	8.8%	
一 收入	158,054	129,282	22
貴賓市場			
一 泥碼	46,611,639	35,658,532	31
一 勝出率	2.7%	3.0%	
一 收入	1,243,107	1,069,426	16
博彩總收入	1,719,476	1,434,420	20

資料來源：金界2019年年報

再看看每一個市場的利潤，業績寫：「本集團錄得毛利增長 26% 至 $846,300,000 美元，與營業額增長一致。整體毛利率上升至 48%（2018年：46%），乃由於來自利潤率較高的業務分部貢獻增加所致。 大眾市場繼續產生 99% 的高毛利率。」

圖6—5金界收入及毛利分析

表2(a)

二零一九年	收入		毛利		毛利率
	百萬美元	%	百萬美元	%	%
大眾市場	476.4	27	470.1	56	99
貴賓市場	1,243.1	71	346.5	41	28
非博彩	36.0	2	29.7	3	83
總計	1,755.5	100	846.3	100	48

表2(b)

二零一八年	收入		毛利		毛利率
	百萬美元	%	百萬美元	%	%
大眾市場	365.0	25	355.1	53	97
貴賓市場	1,069.4	72	286.3	42	27
非博彩	39.9	3	32.1	5	80
總計	1,474.3	100	673.5	100	46

資料來源：金界2019年年報

如果大家再詮釋以上數據，就能發現一些金界的優點，同時也出現一些隱憂。

另外，就金界2019年業績加未來前景，這裡再給大家幾個資訊：

・Naga 2於2017年11月開業

・Naga 3預期會於2025年9月落成，預期將會產生約$38億至$40億美元的資本支出

・於俄羅斯海參崴市的博彩及渡假村開發項目的現場清理工作已於2016年啟動，預期會延至2020年落成（不過，公司就這個項目只提了一句，加上官網也著墨不多，似乎不願意說得太多，不知是否能在2020年落成）

· 於2019年度，公司向柬埔寨經濟及財政部確認額外責任付款 $20,770,000美元（2018年：無），是一次性，還是接下來還有？

可是，如果以目前的經濟環境，加上新冠肺炎，主打東南亞和中國遊客的金界，不可能獨善其身，2020年增長力可能較弱，甚至可能中短期受壓。同時，金界的優勢是在壟斷，跑出東南亞到海參崴的投資成效也是一個問號。

如果投資者對未來中國和東南亞經濟前景不太樂觀，而虧損持貨會為你帶來不少壓力並導致亂作投資決定，小薯就建議待再有更多的安全邊際才吸納，或者待一些當地旅遊數據、甚至金界新的中期業績公布後再作投資決定。

以 EV/EBITDA 角度計算估值

· 發行股數：4,341,008,041

· 少數股東權益：$0美元

· 帶息負債：$2.95億美元（約$23.01億港元）

· 銀行結存：$3.27億美元（約$25.51億港元）

· 未發股息：$2.21億美元（約$17.24億港元）[*]

· 2019年全年的經調整EBITDA：$6.37億美元（約$49.69億港元）

[*] 理論上未過股東會，是未構成負債，不過小薯這裡假設股息基本已作實，市場會考慮末期息的派發。

由2012年起平均年末EV／EBITDA為9.3，中位數約9.6，經評估後，保守估值合理EV／EBITDA為6.65～10.95（因為考慮2012年通過收購發展Naga 2）。

合理企業價值

＝$49.69億港元×6.65～10.95

＝$330億～$544億港元

合理市值

＝合理企業價值－少數股東權益－淨負債（即帶息負債＋未發股息－銀行結存）

＝（$330億～$544億）－$0－（$23.01億＋$17.24億－$25.51億）港元

＝$315億～$529億港元

合理價

＝合理市值／發行股數

＝$315～529億港元／4,341,008,041

＝$7.3～$12.2港元（較合理水準為$9.8港元以下，以中位數計則是$10.7港元，意味以2020年2月14日收市價$11.2港元計，算是合理區域）

*以上文章執筆日為2020年2月18日，並作出一定程度的編輯，不代表金界現時的情況或估價。上文純粹為學術討論用途。

6.6

案例四：福壽園估值計算
（PE及PB估值法）

福壽園（1448）2019年全年的每股攤薄盈利是$0.2570元人民幣，較2018年增長約17.4%，每股資產淨值是$1.79元人民幣。建議派末期股息每股$4.21港仙。

業績亮點

今年的業績有幾個亮點，值得小薯在這裡提一下：

· 有不少的收購項目完成，詳情自行參考「福壽園2019年全年業績」。

· 上海以外地區的收入貢獻首次超過50%。

· 已在10個省級區域的18座城市銷售生前契約服務，於本年度內共簽訂4,873份合約，較上年度增長96.1%（上年度：2,485份合約）。

· 火化機銷售下半年首次對外銷售多於對內銷售。

・首次提及「福壽雲」，加快推廣「福壽雲」，將嘗試引入人工智能、虛擬現實、人臉識別、物聯網、5G等技術，創新記憶保存、擬人語音、AI客服、VR祭掃等延伸實體物理空間和時間的服務。雖然只佔總收入7%的小部分，不過在這次新冠肺炎疫情下，就看得出其發展潛力。

・EBITDA率首次超過50%，股東應佔溢利率首次超過30%。

・股本回報率也連續6年上升。

業務潛在風險

同時，也有數個風險位想分享一下：

・2019年是頒布《殯葬管理條例（修訂草案徵求意見稿）》（下稱「意見稿」）後的第一年，墓穴平均銷售單價基本持平。需了解到，過往有兩年墓穴平均銷售單價是下降，但該兩年新收購或新建墓園的佔比是超過10%，而其他年度（包括2019年）只佔2%左右。雖然業績提出：「可比較墓園的經營性墓穴平均銷售單價上升3.2%。主要因我們繼續深耕原有墓園（可比較墓園），進一步提高其在當地市場的佔有率，通過增加服務內容和提高服務中包含的文化內涵、進一步增加我們的服務價值，各項結構調整初見成效。」此外，「新墓園的經營性墓穴……平均銷售單價比可比較墓園低，因為新墓園需要時間逐步改善景觀、提升服務、加強團隊及改善運營等，以向客戶提供優質服務，提

高本集團的回報。」不過，這個情況與過往年度差不多，所以不知道現在的情況是因為2019年經濟轉差而出現，還是意見稿對公司的長期影響，要多加留意。

· 應收帳款大增$4,170萬元人民幣或2.8倍，大部分都是即期應收。業績沒有提及，小薯估計是因為年底對外的火化機銷售所致。

· 佔公司收入近5成的上海有飽和跡象，增長跌至單位數，增長金額也是上市以來最低水平。

· 公司在2018年中期業績會上指出，中國75%的公墓屬政府管理。國進民退的大趨勢下，究竟公營佔75%的市場化空間有多大？「意見稿」提出，「鼓勵社會資本以出資建設、參與改制、參與運營管理」，但「公益性公墓用地是免費的」，變相直接與民營企業競爭。如果前者是發展方向，行業擴展空間就很大；相反全變成了公益性公墓，那行業就只得25%市場化空間。

以市盈率分析估值

小薯為福壽園估值，主要從市盈率分析，根據歷史數據，過往5年平均年末市盈率約28x，平均最高市盈率約33x，平均最低市盈率約20x。再參考2019年的市盈率約18x～27x，而市場也給予公司約26x市盈率（於2020年3月12日），故小薯估計合理市盈率約20x～29x。

參考市場共識預測，市場估計福壽園2020年的每股盈利約$0.30元人民幣（即約$0.325港元），大約預計每股盈利增長約13%，考慮到疫情和內地經濟有放緩跡象，而市場估算通常有誤差，故小薯保守為每股盈利打個九折，即福壽園2018年全年的每股盈利約$0.27元人民幣（約$0.29港元，在人民幣貶值下，港元每股盈利就持平了），故保守估計全年每股盈利較2019年的$0.2570元人民幣增長約5%。

合理價

＝預計每股盈利 × 預測市盈率

＝ $0.29港元 ×20x～29x

＝ **$5.8～$8.4港元**（較合理水準則為 $7.2港元以下，意味以2020年4月10日收市價 $6.8港元算是合理偏便宜的水平）

以市帳率分析估值

另外，福壽園是一間資產型公司，所以最好同時以市帳率互相驗證。福壽園的過去5年平均年末市帳率約3.7x，最高及最低市帳率分別約4.6x和2.7x。再參考2019年的市帳率約2.6x～3.9x，而市場也給予公司約4.0x市帳率，考慮到潛在資產增值，小薯估計公司合理市帳率約2.7x～4.6x。

小薯保守預計2020年每股帳面資產淨值增長約6%，估算基準是：

2019年每股帳面資產淨值較2018年增長了$0.21元人民幣（跟每股盈利減去派息差不多），約13%。以2019年每股帳面資產淨值的$1.79元人民幣，扣掉末期息派付每股$4.21港仙，再調整上述的估算盈利及預計2020年股息，所以估計福壽園2020年年末的每股帳面資產淨值約$2.12港元，故每股帳面資產淨值增長6%是合理的。

合理價

＝預計每股帳面資產淨值 × 市帳率

＝ $2.12港元 × 2.7x～4.6x

＝ $5.7～$9.8港元（較合理水準則要$7.8港元以下，意味以2020年4月10日收市價$6.8港元算是合理偏便宜的水平）

*以上文章執筆日為2020年4月13日，並作出一定程度的編輯，不代表福壽園現時的情況或估價。以上純粹為學術討論用途。

從「財務自由」再出發

亞里士多德說人生的幸福是理性和感性的結合，我們的理性讓我們知道必須滿足物質上的需求，但是要感到幸福，就要感性得到滿足。每一個人也會有自己的理想、有自己的夢想，只有當我們感性得到滿足，才會感到幸福。

我們希望財務自由，重點不是「財務」，而是「自由」，我們是希望得到自由，才能放心地追尋自己的理想、尋求自己的幸福。如果追求幸福的本質改變，變成追求無限的金錢，只會失去自己的幸福，我們又要問自己，這樣做，為了甚麼呢？當我們追求的只有物質，以及當下所得到的事，但當這些事失去了，那我們的人生又會變得怎樣？

《股壇老兵鍾記長勝之道》知名博客鍾記曾在他的一段題為「避開雜音」的短片討論了一個「空樽理論」（大家可以GOOGLE一下，小薯不在這裡敘述出來了）。小薯認為鍾記提及的空樽就是我們的人生，人生的目的就是美滿地把用不同的東西（鍾記用了「大石子」、「小石子」和「水」）填滿這個空樽。大石子就是我們最初我們所追求的幸福，再來的小石子就是與人交往得到的快樂（家人、伴侶、朋友等），水（代表著金錢等物質）只是把剩餘空間填滿的物質。如果我們一開始就填滿了水，就不能再放入小石子和大石子，樽子也很大機會在大風下晃動而倒下。可是，當我們就先放了小石子和大石子，樽子就有石子做基礎，即使水少一點，樽子在大風下也會安然很多。

查理．芒格說過兩句金句：

和巴菲特一樣，我也有強烈的致富衝動，這倒不是因為我想買法拉利，而是因為我想要獲得獨立 ── 沒有甚麼比這更重要了。

富蘭克林（Benjamin Franklin）能夠做出那麼巨大的貢獻，前提正是因為他擁有財務自由。

你的投資初心是甚麼？

自由是一個高尚的目標。因為自由，我們才能獨立，才能不從眾，才能活出自我。財務自由，財政獨立不是終點，財務自由，財政獨立是讓我們活出自己所想的一個手段，而投資更只是一個方法，金錢只是一項工具，幸福才是我們追求的目的。投資也一樣，我們有一個目標，才能計劃完成目標的方法，再考慮用甚麼投資方法去達到這個目標。我們會努力達成每一個小目標，而這些小目標能引領我們至更大的理想。

不要被投資所帶來的財富沖昏頭腦，堅記是為了獲得自由、獨立、再進一步更遠大的終點而投資的！作為這本書的結尾，大家回想一下投資的初心，你投資的最初、最純粹的目的是甚麼？其實，我們人生有甚麼意義？答案就在我們每人的心中。

附錄一：
領展回購，是好是壞？

小薯持有領展房產基金（0823）股份，自然也得研究一下其業績。2018財年，領展可分派總額升7％至$54.31億，每基金單位分派（Distribution per unit，DPU）則增9.4％至$2.49，後者升幅已連續數年高於前者。小薯估計主要的原因是領展進行了回購令基金單位數量減少。

回購最直接的效果是提升每股盈利，因為按會計準則，任何因股份回購而出現的盈虧均不會反映在損益表內，而每股盈利是將當期盈利除以已發行基金單位加權數量，回購能讓已發行基金單位加權數量減少，當期盈利不變、已發行基金單位加權數量變少下，每股盈利自然增加。我們做一個簡單的例子說明，看看領展回購的效果。

以下為從領展過去5年的DPU：

圖7─1 領展過去5年DPU

	當年加權平均數股數	當年可分派總額	可分派總額按年變動	平均DPU*	實際公布DPU	公布DPU與平均DPU差異
2014年	2,303,298,171	$3,830,000,000	/	$1.66	$1.6581	−0.3%
2015年	2,301,106,036	$4,192,000,000	9.5%	$1.82	$1.8284	0.4%
2016年	2,267,331,282	$4,634,000,000	10.5%	$2.04	$2.0618	0.9%
2017年	2,232,374,190	$5,075,000,000	9.5%	$2.27	$2.2841	0.5%
2018年	2,199,559,088	$5,431,000,000	7.0%	$2.47	$2.4978	1.2%

資料來源：領展年報

以下為從領展過去5年的每年的回購基金單位數目，如果假設過去5年均沒有回購，並將回購數量加回，DPU則如下：

圖7-2 領展過去5年DPU（假設回購為0）

	當年總回購基金單位	經調整已發行基金單位	平均DPU	變動
2014年	/	2,303,298,171	$1.66	/
2015年	20,883,500	2,321,989,536	$1.81	9.0%
2016年	50,219,000	2,338,433,782	$1.98	9.4%
2017年	31,746,000	2,335,222,690	$2.17	9.6%
2018年	64,504,500	2,366,912,088	$2.29	5.5%

從以上看出，這麼多年的回購令2018年的DPU多派了$0.18或7%。若將2018年與2017年度的DPU比較，沒有回購的升幅只有$(2.29 - 2.17)／2.17=5.5%，回購後則增至$(2.47 - 2.27)／2.27 = 8.8%。

*平均DPU與實際公布DPU是有出入，因為平均DPU是以當年可分派總額除以當年的加權平均數股數計算出來，而當年可分派總額則是當年中期實際派息金額（即除淨日的基金單位數量×每基金單位中期派息）＋年末預期派息（即年末基金單位數量×每基金單位末期派息），而每一結算日的基金單位數量其實已反映了回購的因素，所以當年加權平均數股數跟實際派息的基金單位數量會有所出入，但不會影響有關回購影響的分析。

賣產拉升物業估值

無獨有偶，領展所推展的重整投資組合計劃也是由2015年開始，自此不斷出售資產，但有近半的收益是用來回購以減少基金單位數量，但同時長期獎勵計劃就不斷發行新基金單位。再仔細看看，香港物業估值的資本化率（Cap Rate），零售和車

位的資本化率分別由2013、2014年約5.1%和6.2%，跌到2015至2017年約4.5%和4.7%，再跌到2018年的4%和4.1%（資本化率愈低，估值愈高）。這個情況給小薯的感覺就好像是為了出售資產而加大物業帳面估值。2018年資本化率再跌，是否意味有另外一波出售資產的計劃？

同時，回購的價位不是特別平價（意味有損小股東的權益），但卻能提高股價，同時加大每股回報率，是長期獎勵計劃的KPI，而高管的股票也能升值。

回購提振股價 兼保DPU回報

所以近幾年管理層的行動使小薯覺得領展增長無以為繼，要靠出售資產及公允值變動保持高增長，而DPU也只能靠回購等小把戲去保住雙位數增幅。同時，收購內地物業，又自行開發物業，又要求擴大領展投資策略到從事物業發展及相關活動，到要求擴大至投資於相關投資（即《房地產投資信託基金守則》指定之若干金融工具），管理層好像在轉變領展的商業模式。

小薯不否定這種轉向，也希望這種轉變是正面的，但關注管理層對未來發展方向的看法。同時，也希望回購是符合小股東的利益，雖然管理層解釋回購的理由是為了抵消物業出售對DPU之影響，而小薯是不太認同。小薯暫時仍會觀望一下，希望不會出現導致小薯需要賣出領展的情況。

*以上文章執筆日為2018年7月12日，並作出一定程度的編輯。以上純粹為學術討論用途。

後記：在截稿時看回這篇文章，事實證明領展不斷出售在香港的資產，而回購的價格（以小薯的估值）計，也最多只是合理而非便宜。另外，領展不單單進軍內地市場，還打入澳洲市場，這種轉變是好是壞，就留待讀者自行判斷。

附錄二：
公司股權架構剖析

以下內容整合了小薯BLOG中的幾篇文章：

公司股權架構剖析（一）（刊於2019年8月6日）

公司股權架構剖析（二）（刊於2019年8月8日）

公司股權架構剖析（三）（刊於2019年8月10日）

鍾SIR在某集《鍾記補習社》討論了股權架構的基礎知識，止凡兄也在他的BLOG文《甚麼是少數股東權益？》討論相關話題，小薯在這裡也參一腳，想跟大家討論一下相關話題。如止凡兄在他的文章提及：「當公司到一定規模，它的架構可能相當複雜，例如有多家子公司，收購、合併，甚至與其他公司聯營合作，不同方式會出現不同的股權比例，而不同的股權比例又會衍生出不同的會計入帳方法」，而目前大部分人會大致簡化成5個情況：

(1) 全資擁有子公司，即是上市公司100%持有的下屬公司

(2) 非全資擁有子公司，泛指上市公司持有多於50%，但少於100%股權的下屬公司

(3) 合營公司，大體會簡化說成持股50%的公司

(4) 聯營公司，大體會簡化說成持股約20%至49%的公司

(5) 股權投資，指持股少於20%的公司

不同股權比例 影響會計入帳方法

不過，因為小薯也算是相關的專業，所以想詳細解釋多點。其實隨時因會計制度的改變，以上的股權情況分類法及會計入帳方法已有改變：

第一個情況是最簡單的，子公司的所有數字都會一項一項合併至上市公司的帳目內。成為上市公司的帳目，投資者基本上當這家子公司是上市公司的營運部門即可。

第二個情況有些複雜，但也好解釋，就是子公司的所有數字都會一項一項合併至上市公司的帳目內，成為上市公司的帳目，但在利潤表及資產負債表上會分列出一項「少數股東權益」以顯示不屬於上市公司的權益，而上市公司所擁有的，即會分別列為「股東應佔溢利」及「公司股東應佔權益」。要留意是，這裡所說的「少數股東權益」，是指上市公司沒擁有的子公司股權部分（上市公司持有子公司多於50%，但少於100%股權），而非散戶口中所說的「小股東」。「小股東」所佔的其實是「股東應佔溢利」及「公司股東應佔權益」的其中一部分。

第三個情況較為複雜，所以稍後才說。先說第四個情況，當上市公司持有另外一間公司的股權，但卻沒有完全的控制權，也不像合營公司要有共識才能行動，但在營運及財務上仍有一定的話語權（但不是決策權），就算作聯營公司。一般會簡化說成持股約20%至49%就當作聯營公司，是因為持股公司通常會委任董事進入其聯營公司，亦能通過主要股東身份參與公司的決策過程。可是，嚴格來說，即使上市公司擁有超過20%的股權，但上市公司對這間公司也沒有話語權，也不能當作聯營公司，只能分類為第五個情況的股權投資。

聯營公司會以權益法（即Equity Accounting）列帳。這個方法，聯營公司的整體盈利和淨資產會以「聯營公司所佔溢利」和「聯營公司權益」於利潤表及資產負債表單列入上市公司的帳目，意味聯營公司的的資產、負債及相應的收入及開支不會分開併入上市公司的帳目。

第五個情況就是持有少於20%的股權，通常會被分類作股權投資，主要是因為在這個情況下，持股公司較被動，不能在被投資公司有實際的話語權，只能被動地享受被投資公司的經濟收益，情況就好像散戶買股票。在2018年以前，這情況多會被列作可供出售證券（Available for sales investment）或持有出售的金融資產（Held for sales financial assets）。但在2018年以後，因應新的會計準則，這些股權投資會被列作「透過損益按公允價值計算之金融資產」（Financial assets at fair value through profit or loss）或「透過其他全面收益按公允價值計算之股本工具」（Financial assets at fair value through other comprehensive income）。這兩個名稱說來很複雜，但實際操作上跟之前只有些微分別，這裡就不深入討論。可是，值得提出是，這些股權投資的盈利也不會列入上市公司的帳目，但卻會以其股權的市價或公允價值（而非成本）列於資產負債表上，而相對的公允價值變動則會根據上述分類入損益帳或其他全面收入內。故此，或多或少能反映出這項投資的盈利能力。

第三個情況則較為複雜，在會計制度的層面看，上市公司持有50%股權，不一定就是合營公司，重點是控制權。小薯說兩個情況，大家可能會較易明白。

情況一：上市公司持有A公司50%股權，控制A公司的董事會五分之三，另外有2名投資者，分別持有A公司25%股權、控制A公司的董事會五分之一，在沒有協議下，會計師有機會把A公司當成上市公司的非全資擁有子公司（第二個情況）。不過，有時這3名投資者可能會簽署投資協議，規定A公司的所有決策必須有3名投資者共同同意才可實行，那又會變成合營公司。

情況二：上市公司與另外3名投資者分別持有A公司25%股權，這個情況下，會計師有機會把A公司當成上市公司的合營公司。

> 了解以上兩個簡單的例子，就會明白到 A 公司是否上市公司的合營公司，股權比例不是重點，重點是控制權，以至其他因素，是一籃子的考量。

合營公司 vs 共同經營

再進一步，嚴格來說，合營公司只是「合營安排」其中一項。一家公司與合營方其實可以有兩種「合營安排」，一是「合營公司」，二是「共同經營」。

「合營公司」（Joint Venture）即是小薯上述所提及的情況，合營方通過一間獨立公司營運某個項目，合營方會享有佔這間獨立公司股權比例的淨資產，所以合營方會以權益法（即 Equity Accounting）列帳。這個方法，合營公司的整體盈利和淨資產會以「合營公司所佔溢利」和「合營公司權益」於利潤表及資產負債表單列進入上市公司的帳目，意味合營公司的資產、負債及相應的收入及開支不會分開併入上市公司的帳目。

「共同經營」（Joint Operation）則是合營方沒有成立的獨立公司，或合營方會分別享有資產擁有權和承擔負債責任，而不是享有合營項目的淨資產。這個情況下，合營方會按共同經營安排所產生的資產、負債及相應的收入及開支相應列帳。

這樣的會計說明好像較難明白，小薯舉一個簡單例子去解釋一下。4名投資者決定共同投地建一個商住項目，而所有的買賣決策必須4名投資者共同同意才可實行，這就是一個「合營安排」。

如果這4名投資者決定成立一間公司，以公司的名義投到地皮，並同意不分個別單位，把所有單位的租金收入，以至賣樓收益（扣去借貸）統一按股權比例分給各投資者，這就是「合營公司」（Joint Venture）。

可是，如果這4名投資者因某些原因，不成立公司，並決定通過協議，其中一個投資者會提供地皮、另外兩個投資者會負責所有發展成本、一個負責銷售安排，而各投資者會享有項目的租金收入，以至賣樓收益（扣去借貸）的某個百分比，而非統一把項目合計淨額計算，這就是「共同經營」（即Joint Operation）。

在實際營運上，大部分都會採用「合營公司」模式，因為這個模式直接、簡單易明，雙方也較易達成共識，所以大家不妨簡而化之，「合營安排」就全部當做「合營公司」，並以權益法看吧！「共同經營」就知道一下，即使在年報見到也不會被嚇到。

看到這裡，大家可能會發現，一個硬幣有兩面，當上市公司有「少數股東權益」，意味著這個「少數股東權益」就應該以第四、五個情況入帳，如果上市公司是持有「合營公司」，理應另外一方也會計作「合營公司」，如果雙方也是上市公司，就能通過對

方的財務報表了解被投資公司的運作情況，因為會計準則要求公司披露重大的少數股東權益、合營公司和聯營公司的財務資料。

以不同股權架構操控帳目

最後，說了一大堆這麼悶的知識，重點其實是想說，通過不同的股權架構，就能「操控」公司的帳目：

(1)合營公司和聯營公司，只需列出所佔溢利，而毋須分列收入成本，那就能隱藏盈利的來源。鍾SIR曾列舉廣汽與日本豐田汽車的聯營公司為例子，這家聯營公司的盈利來源還好了解，如果某些公司的聯營公司的盈利來源只是公允值變動，則公司盈利會被谷大，造成高利潤率的假象。

(2)同上，合營公司和聯營公司的資產、負債及相應的收入及開支不會分開併入上市公司的帳目，而只是將淨金額以「合營公司權益」或「聯營公司權益」單列入帳。那就可以出現一個情況，合營公司或聯營公司如果有高負債，而上市公司理應要滿足負債，但以淨金額單列公司權益變相就能把負債變成表外項目，隱藏債務。

(3)同一道理，合營公司和聯營公司也變相能隱藏公司的資產質素，並能以整體股權減值的形式慢慢處理問題資產。

(4)股權投資是以市價或公允價值入帳,如果該投資是上市公司的股票或基金,仍有一定是定價資料,如果以評估的方法計算公允價值,管理層就有一定「方法」「操控」公允價值,調整利潤。

(5)更卑劣的,就是上市公司投資於封閉性基金,慢慢把投資減值,變相把錢從上市公司轉走。

所以,上市公司的股權架構,要簡單可以很簡單,但要複雜,也可以有很多理論去討論!

Wealth 120

揭露公司價值真相

年報解密

作者	小薯
出版經理	呂雪玲
責任編輯	梁韻廷
書籍設計	何穎芝
相片提供	Getty Images

出版	天窗出版社有限公司 Enrich Publishing Ltd.
發行	天窗出版社有限公司 Enrich Publishing Ltd.
	香港九龍觀塘鴻圖道78號17樓A室
電話	(852)2793 5678
傳真	(852)2793 5030
網址	www.enrichculture.com
電郵	info@enrichculture.com
出版日期	2020年6月初版
	2022年3月第二版

承印	嘉昱有限公司
	九龍新蒲崗大有街26－28號天虹大廈7字樓
紙品供應	興泰行洋紙有限公司

定價	港幣 $158　新台幣 $650
國際書號	978-988-8599-06-6
圖書分類	(1)工商管理　(2)投資理財

支持環保　此書紙張經無氯漂白及以北歐再生林木纖維製造，
並採用環保油墨